企業應變力

企業經營實戰策略

許長田 教授 著

弘智文化事業有限公司

自 序

企業起死回生之有效戰略

　　際此企業 e化的新世紀，企業經營管理已到了企業應變力與革新力決勝一切的關鍵地步，企業體如要建構一個創造新管理規則且適應此新規則的經營體制，就必須訂立並且實踐可以領導未來的企業策略與經營方針。同時，並以十萬火急的速度完成自我革新，企業體如愈快自我調整策略，就愈快因應企業外在環境的變遷，也就愈快到達經營成功的境界。

　　換句話說，企業再造已是一股擋不住的洪流，尤其在此十倍速變革的網絡新世代，企業改造是企業起死回生的萬靈丹：也是企業應變力與革新力的動能；也是企業競爭力的標竿。因此，任何企業想要在全球競爭的環境中取得最後的勝利，就不能執著於過去的成功經驗，更不能仍保持著以往的觀念以及守舊的作風，必須不斷地創新與前進：不斷地自我診斷與自我挑戰，方能將企業再定位，終究能達到永續經營的目標。更進一步而言，具高強韌度的成功企業必須再定位，不斷地自我變革（改變與革新），才可以保證企業可以立於不敗之地，開創「不敗的企業」之上乘成果。

　　因此，在成功企業改造實戰經驗共享的理念之下，知識管理（Knowledge Management）常常被提起是企業再造的靈丹妙藥。然而，在全球企業進行企業再造時，絕大多數的變革策略與計劃都只是紙上談兵，喊喊變革的口號而已。此蓋因為大多數的企業

經營者或企業龍頭心裡盤算著企業改造必須首先改革他自己觀念與心態，也就興趣缺缺，不願意放下身段及顏面，當然在企業變革中就會拖泥帶水般地避重就輕，最後只有草率收場，不了了之。

嚴格說來，其實知識管理即是：企業為了敏銳應變企業內外部環境的改變，而從事的資訊蒐集、決定與行動，在在都以「策略 J為主導；以計劃為執行的具體方案，同時，也是為了回應各種不同的企業與市場競爭態勢而實施的彈性管理等等之必要措施與步驟。換句話說，知識管理無非是能使企業起死回生，不斷地進行自我診斷、自我變革的整合與改造的對策。因此，企業體絕對不可以安於現狀：不可以視現在的繁榮與成功而感到沾沾自喜。為了追求更美好的企業未來，企業體必須一次又一次地進行自我改造，一波又一波地自我變革，唯有如此，才能達到企業永續經營（Going Concern）的終極目標。

正當二十一世紀全球企業經營均以企業策略為決勝的主軸之際，台灣已經進入世界貿易組織（WTO），全球跨國企業大多以台灣為核心行銷市場。正因為如此，筆者更有志趣撰寫並出版有關企業戰略的書籍，因此，本書訂名為「企業應變力」。全書主要精髓為企業商戰策略與企業競爭力，內容有許多均為新資料與心得。

筆者在大學、研究所MBA Program 企業界與企管顧問公司教授「企業策略」（Business Strategies）、「國際行銷」（International Marketing）與「行銷管理」（Marketing Management）。另一方面，本人並在企業界擔任總經理與CEO歷時多年，深知企業策略的特殊實戰必須著重「策略企劃」與「實戰個案」因此，本書整合作者多年來之教學講義、演講稿、教學投影片、電腦磁碟片、

CD-ROM光碟、自身經營公司的企業戰略以及指導國內外企業界
之新企業策略與成功實戰個案,以饗各界請者!

　　本書承　弘智文化事業有限公司李茂興兄以及所有同仁鼎力協
助,終能付梓,倍感欣慰,在此特致萬分謝忱!

　　最後,筆者個人學有不逮,才疏學淺,倘有掛漏之處,敬請
賢達指教,有以教之!

許長田　博士謹識於

「東方美人」茶樓

2003年10月11日

目　錄

經營管理
Business
Management

前　言

勁爆企業新聖戰

二十一世紀知識經濟時代的新企業戰力

■ 原廠委託製造／原廠設計製造（OEM／ODM）

■ 自創品牌（OBM／Branding）

■ 合資經營（Joint Venture）

■ 行銷通路戰（Marketing Channels）

■ 企業併購（Business Merger）

■ 直接投資（Direct Investment）

■ 策略聯盟（Strategic Alliances）

■ 績效管理（Performance Management）

■ 產品上市時效（Time To Market）

■ 企業應變力（Corporate Responsiveness）

第一章

經營理念與企業文化

企業穴道

在中國武術中有一門極厲害的點穴功，只要對著人體的重要部位施以勁力，就能封住血液的循環，而達到控制對手的目的。

企業的經營也像人體一樣，有其一定的重要部位及功能。也可以說企業穴道就是企業成敗、活動工作重點。只要能有效的掌握住企業的穴道，即使用在即將倒閉的公司，也能收到起死回生之效，如果是經營新設立的公司，便可使業務的推展更順利。

一個極富幽默的商場經驗告訴我們：猶太人為何能成為做生意的頂尖高手？他們為什麼要時常保持耳朵後面的清潔？追究原因，其主要目的在刺激耳後穴道，保持健康，維持做生意的活動。

曾有人問筆者：「你如何判斷一家企業的好壞？」筆者總是回答：「企業經營有無經營理念？管理觀念？行銷觀念？充電觀念？」答案如果是肯定的，那該企業定能掌握企業經營的穴道，也才能保持企業中人、財、物、技術、市場、顧客、利潤等綜合力量，而創造出總體企業的生產力。

如果是否定的答案，則該企業的龍頭老大無法提供經營企業的Knowhow及理念，即使聘請有才華的專業經理人助其一臂之力，恐怕也很難與企業經營者做有效的觀念溝通與授權。畢竟在國內的企業組織中，生意人多於經營者是不容置疑的。

最後，敢問國內企業界的當家老大，您是在做生意呢？還是在經營企業？

企業經營管理哲學與企業文化

　　沒有策略，沒有企劃，就沒有企業·因此，企業經營來自經營理念與經營管理哲學·而企業能否真正採行行銷觀念則取決於所謂企業文化（Business Culture）·茲將企業文化與行銷管理關聯性的組織架構列述如下：

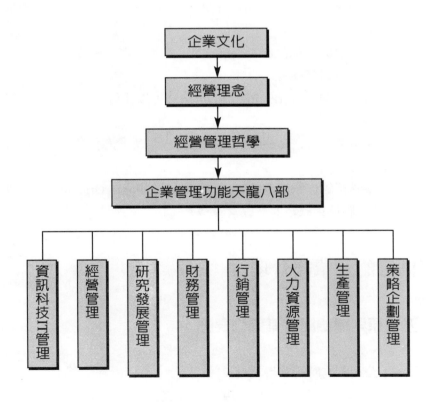

企業經營管理的功能導向管理

1.技術導向（Technology Oriented）：以「Knowhow」為經營優勢。

2.產品導向（Product Oriented）：以「品質」為經營優勢。

3.生產導向（Production Oriented）：以「生產力」為經營優勢。

4.銷售導向（Sales Oriented）：以「推銷業績」為經營優勢。

5.市場導向（Market Oriented）：以「顧客（消費者）與競爭者」為經營優勢。

6.行銷導向（Marketing Oriented）：以「行銷力」為經營優勢。

7.競爭導向（Competition Oriented）：以「競爭策略」為經營優勢。

8.整體行銷作戰導向（Total Marketing Force Oriented）：以「整體行銷戰略」為經營優勢。

創意的企業經營理念

五項原則總檢討及其確認要點

1.公司創立時約宗旨為何？

　(1)經由公司的傳統、口號、歷史認識。

(2)從創辦人獲知（重新確認創業精神）。

2.主要商品提供顧客什麼價值？

按各商品逐一加以再確認。

(1)其他公司所沒有的特點。

(2)特別的優點。

(3)對客戶有利的優點。

3.顧客的心態為何？

(1)何者為公司真正的顧客？

(2)何者為公司的固定顧客？

(3)處理顧客的方式。

(4)顧客的意見。

(5)重新考慮顧客的態度與舉止。

4.對地區社會有什麼貢廠？

以及與他區社會的——

(1)協調度

(2)合作度

(3)負責度

（按各點舉例）

・以納稅方式回饋國家和地方。

・隨著企業的成長發展，擴大就業的機會。

・與傳統文化和產業的合作程度。

・與地方自治團體及活動的合作程度。

・與傳統儀式及拜拜的合作程度。

・經由經濟循環帶來的影響效果（地區產業和消費的形成度）。

↓
再確認

5.公司應發揮的機能是什麼？
　　經由目前所處的狀況、業別、業況等──

↓
重新確認
應擁有、發揮的機能及特點

企業經營策略之發展

1.OEM──原廠委託製造
2.Branding──自創品牌
3.Joint Venture──合資經營
4.Marketing Channels──行銷通路
5.Rollout Markets──卡位市場（蠶食市場）
6.Direct Investmemt──直接投資
7.Business Merger──企業併購

第二章

企業戰略規劃之架構與流程

企業戰略規劃之流程系統圖

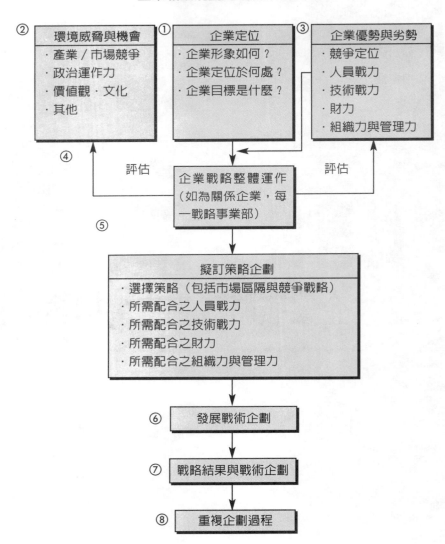

② 環境威脅與機會
- 產業／市場競爭
- 政治運作力
- 價值觀‧文化
- 其他

① 企業定位
- 企業形象如何？
- 企業定位於何處？
- 企業目標是什麼？

③ 企業優勢與劣勢
- 競爭定位
- 人員戰力
- 技術戰力
- 財力
- 組織力與管理力

④ 評估　評估

⑤ 企業戰略整體運作
（如為關係企業，每一戰略事業部）

擬訂策略企劃
- 選擇策略（包括市場區隔與競爭戰略）
- 所需配合之人員戰力
- 所需配合之技術戰力
- 所需配合之財力
- 所需配合之組織力與管理力

⑥ 發展戰術企劃

⑦ 戰略結果與戰術企劃

⑧ 重複企劃過程

創意概念表個案實例

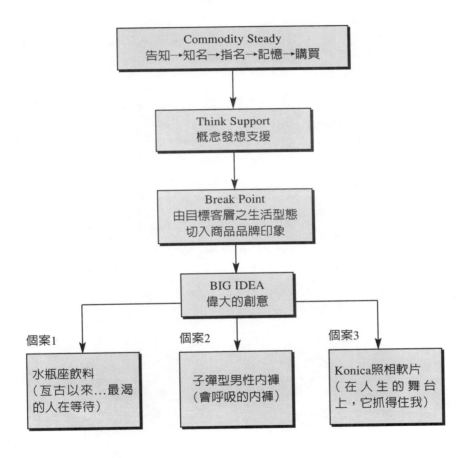

第三章

企業策略行銷管理情境分析

企業策略企劃

企業策略企劃又稱爲策略規劃（Strategic Planning）。策略規劃是安索夫教授參與發展的管理制度；初見於1960的年代。策略規劃的要點，在於規劃企業不斷變動的策略衝力和策略能量。而其基本假定，則係認爲過去規劃作業所運用的延伸法預測，於今已嫌不足。由於過去的預測和未來的動向，均將出現不連續的變動，因而企業機構必須做策略的調整。所稱策略的調整，是指調整企業的策略衝力或經營方針，使企業機構通向一個新的產品市場組合的領域。例如企業的研究發展（R&D）能力的提升，便可作爲調整企業策略能量的典型。

所謂策略規劃，又可稱爲策略行銷企劃（Strategic Marketing Planning），係以公司面對的市場環境爲企劃的焦點。企劃的焦點。企劃時不但重現市場環境的預測，尤更重視對市場環境的深入了解，特別是對競爭對手和客戶的深入了解；希望藉此一方面能對市場環境當時情況獲得啓發的認識，一方面且能進而對可能產生策略影響的外在變動得以預知。

策略行銷實戰系統

當我們從行銷體系之分析中，導出公司的策略管理過程，確定公司未來之總資源配當計畫後，我們還應利用它，導出特定產品市場之市場機會、行銷定位、行銷執行方案，以及行銷控制方法，以達成公司目標。這就是我們通稱的策略行銷過程（

Marketing Process）。策略行銷之分析過程可分為六個步驟：（1）分析市場機會(Market Opportunity Analysis)；（2）選定目標市場（Target Market Selection）；（3）確立競爭定位（或產品定位）（Competitive Positioning）（4）發展行銷體系（Marketing System Development）；（5）擬訂行銷計畫書（Marketing Plan Development）；（6）執行計畫及控制（Plan Implementation and Control）。下圖表示這六個步驟的順序關係。

策略行銷實戰系統分析過程

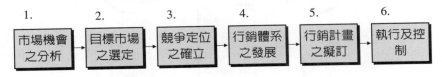

1.	2.	3.	4.	5.	6.
市場機會之分析	目標市場之選定	競爭定位之確立	行銷體系之發展	行銷計畫之擬訂	執行及控制

頭部：策略（Strategy）

頸部：定位（Positioning）

胸部：市場（Market）

雙手：產品（Product）

　　　訂價（Price）

雙腳：通路（Place）

　　　推廣（Promotion）

行銷4P's（Marketing 4P's）

策略行銷管理

策略行銷管理之創新理念為在企業組織所面對的迅速變動環境下，過去有一定週期的企劃制度，已不足以因應當前企業經營

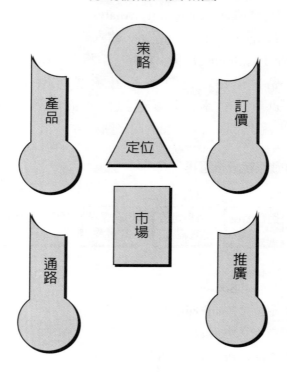

行銷機器人實戰圖

環境的需要。企業的策略決策階層,為了應付外來的「策略奇襲」
(Strategic Surprise)及迅速出現的企業威脅與機會,乃必須拋棄
企業策略企劃週期的時間束縛。

下圖即為策略行銷管理的情境分析:

策略行銷管理之情境分析

外在分析	内在分析
·顧客分析 　顧客的區隔、購買動機、未獲滿足的需要 ·競爭對手分析 　競爭對手的認定、績效、目標、策略、文化、成本結構、優勢、劣勢 ·產業分析 　產業的吸引力、關鍵成功因素、規模、結構、進入的障礙、結構、配銷通路、趨勢、成長、產品生命週期 ·環境分析 　　科技、政府、經濟、文化、人口、情境分析 ·衝擊分析	·經營績效分折 　ROI（投資報酬率）、成長、關鍵成果領域 ·策略檢討分析 ·策略困擾分析 ·内部組織分析 　結構、人事、文化、業務、制度 ·成本分析 　不敗的競爭優勢成本、經驗曲線 ·產品擬案分折成本 ·財務資源及限制分析 ·優勢及劣勢分析 　特優能力、特優資產、及特優負債

機會、威脅、及策略疑問	策略優勢，策略劣勢，策略困擾，策略限制，及策略疑問

策略的認定及選擇

·研議事業宗旨
·認定策略擬案
　對產品市場組合的投資策略
　　撤退、擠乳（壓迫）、固守或進入及成長策略
　對求取不敗的競爭優勢策略：
　　差異化、低成本或集中策略
·選定策略
　考慮策略疑問後的選擇
　審議策略擬案後的選擇
·執行作業計畫
·策略的檢討

弱者（劣勢）翻身之行銷戰略

競爭態勢	行銷戰略
強 者 戰 略	・擴大行銷領域 ・擴大經銷網，提高確定之市場佔有率 ・包挾競爭者，封死其行銷通路 ・全面作業 ・誘導作戰
弱 者 戰 略	・集中行銷戰力於主要地區市場 ・對客戶採各個擊破之行銷戰術 ・跟蹤競爭者之銷售人員並調查市場情報 ・集中一點（單點攻擊戰術） ・聲東擊西

第四章

競爭策略

　　如第一章所述，本書所談策略主要焦點在於事業單位這個層級，亦即「策略事業單位」（Strategic Business Unit, SBU）。本章所探討的競爭策略亦適用於個別的事業單位，而多重SBU組織的企業整個策略則留在第七章中分析。

　　1980年麥可・波特（Michael Porter）出版「競爭策略」（Competitive Strategy）一書後，使有關競爭策略的爭論如指波助瀾，他隨後又於1985年出版的「競爭優勢」（Competitive Advantage）中繼續發展這本劃時代巨著的基本概念。平實而論，在這兩本書問世以前，策略性思考的焦點有擺在外在環境及企業的優勢與劣勢分析的傾向，而其分析的基礎是聞名的 SWOT分析（優勢、劣勢、機會、威脅；Strengths，Weakness，Opportunities，Threats），只有在對企業的內外在情勢做一個完整的評估之後，才能夠好好地思考各種可行的選擇方案，也就是說，這些選擇方案源於這個分析方式。我們只能大略地分析選擇方案，例如多角化、成長、收獲期（使短期的現金流量達到最大），唯仍無法因而導出事業單位在市場上的競爭方式，它有賴前面的分析，好的策略必須建構在企業的優勢並掌握機會之上。

　　由 SWOT分析的邏輯來看，每家公司都將面對一連串不同的機會與威脅（Os與Ts），且各有其不同的優勢與劣勢（Ss與Ws），因此，每家公司亦各自形成獨特的策略。不幸地，由生手（inexperienced hands）做出來的 SWOT分析容易造成長篇大論的細目表格，而又表格愈長，則顯現出來的策略顯像愈模糊。

　　波特的主要貢獻在於他指出，達到績效卓越的路只有兩條：使您成為產業中取低成本的生產者；再不就差異化您的產品／服務以創造價值，使消費者願意再付出更多的價錢來購買。公司可選擇性地將這兩種策略運用到大市場或小而集中的市場。我們以

競爭優勢

競爭範圍	低成本	差異化
大的目標市場	成本領導地位	差異化
小的目標市場	成本集中心	差異集中化

圖4-1 一般性策略

資料來源：Michael. E. Porter Competitive Advantage Creating and Sustaining
superior performance（New York; Free Press, 1985）

圖4-1來簡要說明這些策略方案，底下再較詳細地分別探討這些波
特所謂的「一般性策略」（generic Strategies）。

一、整體成本的領導地位

　　如果您所提供的產品或服務具有「標準的」（standard）品
質，但您的成本卻比一般公司低很多，那麼您必可創造優渥的利
潤（如圖4-2）。不過達到這條績效卓越的路有一個先決條件，您
的產品絕不能讓顧客認爲是廉價品或品質拙劣，因爲一旦如此您
就可能被迫降價銷售，而您的成本優勢則由於削價而無法再達到
優渥的利潤了（如圖4-3）。

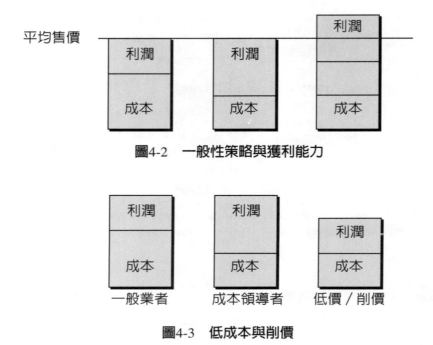

圖4-2　一般性策略與獲利能力

圖4-3　低成本與削價

　　降低成本且還維持一般品質水準的方法很多，唯其中有些方式涉及到比其他競爭者更決地沿經驗曲線（experiencecurve）滑降，或者擴大經營規模以極大化規模經濟所可能獲得的利益。

　　圖4-4為經驗曲線的可能情形之一，注意單位成本是隨生產的累積次數（cumulativevolumn）的增加而降低，例如同樣事情做過許多次後就可找到更有效率的生產方法。圖4-5則為一個產業的規模經濟（economies of scaIe）示例，圖中相對於在 y點的企業，如果您的公司規模較小（如 x點），則您的生產將居於成本劣勢。

　　這兩種效果（經驗曲線及規模經濟）另有一層含義：一定的銷售量是達到降低成本的重要前題。於是我們可以推論，達到績

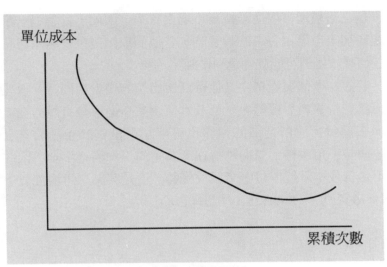

圖4-4　經驗曲線

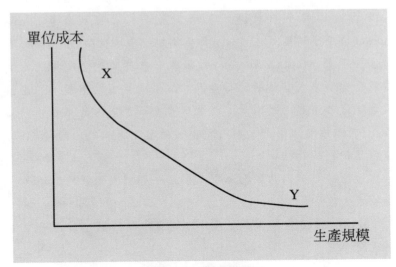

圖4-5　規模經濟

效卓越之路包括奪取並維持高市場占有率。因此,當超過一家以上廠商加入市場占有率的競賽時,若他們以削價來爭奪銷售量,則任何成本優勢可能就會達到侵蝕。

若您的產品與產業中其他廠商所出產的幾近相同時,低成本如何為您帶來競爭優勢呢?低成本使企業在必要時有能力在價格上與人競爭;它所造成的利潤也可用來再投資於產品品質之改良,同時不用改變售價而維持在產業中的平均價格水準。因此,倒不是低成本就能直接帶來競爭優勢,而是其結果可增加競爭性(請參考實例 3A KWIK SAVE超級市場)。

實例 3A

KWIK SAVE超級市場

超級市場(supermarket)在1980年代的成功是基於以更大的資場提供更多的服務,來銷售更多的產品與更多的up-market?這項訊息可在 Tesco及其他超級市場仿效 sainsbury的做法並販賣 Marks & Spencer的產品中看出來。1970年代的價格戰已經結束,當時的流行產品如成堆的烘豆及塑膠水仙花已退潮,代之而起的是新鮮、冷凍而包在聚乙烯內的昂貴雞肉。Tesco開始接受信用卡,該公司出產的酒並得了獎,而 Asda則誇耀其托兒所的社會責任。

這麼做有一個明顯的原則:創造一個刺激的購物環境,您就能嫌大錢。

Kwik Save藉著一位走入歧途的青少年的歡樂,打破了這些規則。

Kwik Save得意地緊抱其已不太流行的經營理念:以比其

他同業更低的價格來銷售有限的有品牌食品雜貨，不僅採取別緻的點子如現成菜餚（delicatessen）或現烤麵包，也賣任何新鮮農產物。便宜的烘豆及早點（穀類加工品）也在店內待售——但只賣 Heinz，kellogg，s或其他市場領導者的產品。在 Kwik Save內無任何標籤，也沒有像在 Gateway內有無聊的獨家品牌（exdusive brands）。

起初，這麼做是因為他們有不為產品定價的政策。為每個罐頭包裝貼上標籤，所需的店員勞力將是筆不小開支，因此 Kwik Save選擇一種獨特的檢索方式，讓員工記住店內每一件商品的價格——就如雜貨店老闆所拿手的一樣。不過其範圍需在一千件以上，這也有助於降低成本。

需要是發明之母，於是他們爽爽快快地做非做不可的事。

現在這個政策已經縮水了，因為連上電子掃描器的電腦可記住一千個以上的價格。即使如此，就算是規模最大的超級市場也只能處理 2500件以下的商品，而這些最大型商店仍遠小於為主聯盟（Major chains）開打的足球場容量。

「不裝模做樣」是他們的承諾，「不做無聊的事」則是其座右銘。到目前為止它似乎仍運作正常，而人們若因更高通貨膨脹及更高抵押率而覺得更窮，他們應仍能做得更好。

由於其一般費用不高， KwikSave並不需要非達到高銷售及高報酬不可。就如其總栽Ian Howe的評論：「我們很高興顧客每個月只來三個禮拜，他們可以從迷人的商店以迷人的價錢買到迷人的食物，只要他來到Kwik Save來購買主要商品。

資料來源：The Guardian，1989

　　一個低成本生產者的企業應該防衛在第二章提到的五股力量的每一個。低成本生產者在價格戰中較有可能生存，這層認識也使高成本的競爭對手不敢以價格來競爭。來自顧客要求較低價格的壓力可能很弱，因為消費者不太可能有能力貫徹始終地與成本領導者從事對抗。

　　假如供給者提高其價格，低成本生產者也不會像其他較高成本的競爭對手般受到壓榨；企業的低成本地位也可能阻止廠商的進入，尤其是進入者希望以價格來競爭時；此外，價格也可以拿來當武器以避開替代品的威脅。

　　底下有些危機與整體成本領導地位策略有關：

1. 過度強調效率會導致失去與消費者變動無常的需求的接觸機會。特別地，在某些產業消費者的需求已變得非常複雜而且個人化，一個致力生產標準化、無花樣產品的低成本生產者可能會發現，他的基本消費群正逐漸減少，因為競爭者正接受並發展符合他們需要的產品。

2. 如果產業事實上是以民生用品（commodity）為基礎，那麼低成本策略的風險頗高，因為可能只有一家廠商能成為成本領導者。假使企業間單單以價格來競爭則成本居第二或第三低的生產老將居於劣勢。

3. 許多達成低成本地位的方法都可很容易地複製。競爭對手可買下最有效率的廠房，另外，一旦產業邁入成熟期，則經驗曲線效果將帶來甚少利益：大部份廠商都已獲致該有的學習優勢。不過也許最大的威脅來自於那些在您的產業中能以邊際成本訂價的競爭對手，因為他們擁有其他獲利超過生產的固定成本的生產線。

二、差異化

　　僅僅與人不同並不就是差異化策略。提供最不實用且機械上最複雜的汽車並不能導致在產業中績效的卓越，成功的差異化策略的關鍵在於獨一無二且獲顧客重視。如果故意以較高的價格來購買這些特徵，而且您的成本又在可控制的範

　　圍以下，那麼這份價格升水應會導致較高的獲利能力（如圖4-2）。

　　這個策略的重心在於了解顧客的需要。您必須先知顧客的價值為何，再傳達這串特定的態度並據此定價。假使成功了，那麼市場上顧客中的一個次團體（subgroup）（一個區隔）將不會再把其他公司的產品當作是您所提供的替代品，

　　您因而開拓出一群忠貞顧客，幾乎可謂迷你獨占（minii-monopoly）。這顯示每個特定產業中部可能有數個成功的差異化市場，尤其是那些又可區隔出擁有特殊而不同的需求的各種次團體的顧客群。

　　一個成功的差異化策略可減輕民生用品型產業的頭破血流對抗（head-to-Headrivalry）；假如供給者提高售價，對低價敏感的忠貞顧客因已經過差異化而比較有可能接受隨後而來的價格抬頭；此外，顧客忠誠度也可形成新廠商之進入障礙，以及潛在替代品必須跨越的柵欄。

　　然而，差異化策略也有其風險：

　　假如企業找出之差異化的基礎很容易被模仿，則其他企業將察覺到而提供相同的產品或服務，於是產業內的對抗可能轉向以價格為基礎的競爭。

　　大範圍式差異化與集中式差異化常爲人所混淆。其差別在
於，全面的、大範圍式差異化廠商將其策略殖基於廣泛價值屬性
（widely‧valued atreibutes）（例如IBM的電腦）；而集中式差異化
廠商則旨在搜尋具有特別需求的區隔（segments with special
needs），並以更好的方式來滿足之（如實例 3B「阿波羅電腦」）。

實例3B

> ### 阿波羅（Apollo）電腦
>
> 　　若以大量生產、商品標準化及激烈的價格競爭等來定義市
> 場狀況，則像阿波羅這樣的公司根本就沒有投入市場。
>
> 　　阿波羅每天生產60個系統，可又分成各有200個變數的五
> 個族群，其售價約為26,000英鎊。他們雇用幾組精桃細選出來
> 的推銷員，將其高度專業化商品賣到特定目標、區隔市場。他
> 們致力於培養員工對其商品的承諾與認同，而對任用幹練的管
> 理階層以及嚴格執行經營權與管理權分開等則較不重視。
>
> 　　這家公司也以嚴格挑選每位員工、支持在職進修，給予每
> 位員工相同的休假(25天)、提供免費防癌支付、興建華麗的體
> 育館及個人健康保險等方式，來促使員工素質更加整齊。其管
> 理結構十分精簡，但裝配線員工則來回巡視他們正在生產妁電
> 腦，只要一發現瑕疵品就立即退回重做。他們所建立的經營理
> 念是：「我們每個人都是一流的管理者」（We're all quality
> manageers)。
>
> 　　資料來源：The Guardian，16 Angust l989

　　集中化策略最可能面臨的危機在於，您的目標區隔可能會基

於某些原因而消失。例如，其他競爭對手可能也會切入這個區隔，然後模糊您的焦點並奪走您的顧客，再不然也會由於種種因素（例如改變偏好、人口變選）使目標區隔退逝。無論如何，設定在一個狹窄區隔並據而調整您的產品，仍是個甚具魅力的構想，弄對方向還是可以賺到錢。但是，如果您以前是以大範圍市場為標的，而今決定以差異化的集中式策略，全力切入一個高附加價值的區隔市場，則未來並不排除潛伏意外危險的可能性。說明如下：

　　假如您已看出集中化策略的利益時，別忘了別人可能也已發現。價格敏感以及超高價位（higb-end）這兩類顧客都有許多廠商在極力爭取，如果您還未了解此點之前就訂下升水（稍高）之價位，則可能兩面不討好，不僅受到價格戰之

　　攻擊，而見還可能面對需可觀成本庫存問題。另一方面，目標市場由大轉小通常意味著產量的急遽減少，假如您沒有調整經常支出以適應這種因較少客戶基礎而減產的現象，則可能導致超額的單位成本。因此您最後可能反而陷入價格及成本兩個方面的不利情勢，使發展倍受壓縮。

三、陷於中間

　　波特認為，凡是還未在低成本或差異化間做一選擇的企業，將面臨「陷於中間」的危機。這些廠商想一石二鳥地達到低成本或差異化，但實際上卻兩頭皆空，其原因是那些專心做一個本領導者、差異化者或集中化者都比他們更具有競爭能力。而一個陷於中間的企業，只有在其產業結構非常景氣或其他廠商也陷於中間時，才能賺取可觀之利潤。產業生命週期中導入期的快速成

長，使這些廠高尚能賺取優渥利潤，但到走入成熟期而競爭更趨激烈時，那些尚未在一般性策略間做出決定的企業，將陷入困境。

任一個一般性策略的維持，擁有某些使模仿這個策略有其困難的障礙是必須的。然而由於模仿障礙絕少是無法克服的，因此企業通常有必要透過經常性地投資及創新來針對競爭對手設定變動的目標，才能確保並進而提升競爭地位（參

閱實例 3C「銷售戰的新紀元？」及「日本公司——陷於中間」）。

實例3C

> ### 銷售戰的新紀元？（A New Year Fire Sale）
>
> 　　在曼哈頓中心新開的Abraham & Strass店，正使勁招攬來往行人進去逛逛、申請簽帳卡並大肆採購。這麼「打拼」是蠻能理解的，倒不是因 A & S為紐約的
>
> 　　第一家大型百貨公司（department store），且已是具有二十幾年歷史的老店了，而是因為許多美國最著名的百貨公司——包括A&S、Bloomingdale's、
>
> 　　MarshallField、Sears及 Roebuck，現在都面臨著有史以來最大的變動期。這每一家百貨公司均面臨必須找到比其他任何一家更能突顯自己的零售角色的挑戰，而像GimbeIs那樣缺乏一個明確目的與個性者，將被市場所淘汰。
>
> 　　所有美國的百貨公司正受到兩股勢力的夾擊而陷入窘境：一方面是標榜更多選擇但價格卻更低的專資店（speciality stoes）（例如玩具反斗城及家電連鎖專賣的Radioshack），另一

方面則是服務不多但價格極具攻擊性的廉價店（discount stores）及歐式超大型超級市場（hypermarket）。有些百貨公司更因連用財務槓桿原理擴張店數而累積巨額負債，因而在面對這種夾擊時更顯得左支右絀。

Macy's和 Marshall Field在幾經考量後已退出那些便宜商品的市場，而將之留給專門店。

賦予十九世紀百貨商店（general store）現代化形象的Sears和Roebuck--賣著有信賴感但不怎麼流行的服飾及貨品一一看來愈來愈覺得過時了，即使其聞名的五金部門的顧客，也受到專賣店的誘惑而流失。Sears在口紅市場的佔有率由42%衰退到18%，而其器材而場佔有率也由 46% 減至 32%。

不少其他的百貨公司已撤掉這些無獲利性的部門。A&S只在其旗下的曼哈頓店才設有家俱與家電部門；Macy's 雖仍擁有所有部門，唯已將照相機市場讓給專門店；Sears還是試著每樣都做，但卻沒把任一樣做，但卻沒把任一樣做得很出色，其獲利已陷於停滯，說不定還可能像 F.W. Woolworth那樣成為昨日黃花。

一度幾近模仿 Sears做法的J.C.Penney，現已找到一個較明確的方向；使自己成為美國的 Marks & Spencer其主力擺在流行服飾，特別是女裝，並將相對缺乏利潤的單位如五金及家電部門裁撤。

資料來源：The Economist，7 October 1989

日本公司——陷於中間？

日本過去一向運轉順暢的策略定位已不再穩若泰山。一方面，德國公司如賓士及 BMW雖仍保持高價位，但成本水準的

提高卻對其獲利能力沒造成太大；另一方面，韓國車如現代（Hyundai）、三星（Samsung）及Lucky Goldstar的生產成本還不到日本的一半，但價格卻更低且產量亦多。

「日本正陷於中間：他們無法如德國般要求巨額利潤，又無法降低工資到一如韓國的水準。其結果便是頭痛的左右夾擊。」

資料來源：Kenichi Ohmae，Mcknsey Tokyo，1987

壹、一般策略概念的評估

波特的貢獻是難以估計的，他大大地提高有關策略的辯論層次。然而，其一般性策略的概念也並非無懈可擊。

前面我們已經提到，訂定成本領導地位策略的企業必須也具有產業中的平均平質水準才行，唯這通常不是一個"使支又偷快"的選擇。假如產品形象僅是標準以下，則必須低價以求售，因而侵蝕利潤收益。同樣地，我們也提及一個成

功的差異化策略必須考慮到成本面，此時廠商尤其需忍痛去除那些並不能提供消費者心中認為有價值的東西的成本。

因此，雖然乍看之下這兩種策略可能很不同反相互具排他性，但再仔細考量就會發現他們具有強列的共同要素：兩者對品質均需高度關注（特別是在以除去瑣事及工作重墨來達到降低成本時），兩者也需密切注意控制成本。假如這是事實的話，不要把這兩者看做是排他性選擇，而視之為方向的確定（Orientations），

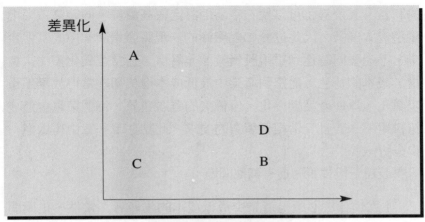

圖4-6　**差異化與效率**

可能更為實用（參考**圖** 4-6）。

　　位於**圖**中 A點的廠商正致力於毫不妥協的差異化策略，它以獨一無二的產品／服務切入某特定區隔，並能訂定較高價位，但對於達到高效率則並未付出太多的注意力：大部份的管理時間與精力多用於維持並發展那些能導向成功的優勢、持續的產品創新、無與倫比的品質或迅速對消費者需求做出反應。

　　在 B點的廠商則追求「純粹的」效率策略。大部份精力多被用於推動全組織成本的降低，對產品／服務改良則甚不注重。在符合平均售價水平的情況下，其低成本因而可獲得優渥利潤。

　　在 C點的廠商並不追求效率，也不致力於差異化策略，換言之就是波特所謂陷於中間的廠商。缺乏差異化表示沒有機會提高售價到產業平均以上；而低於平均效率導致高於平均成本。因此，位於C點的廠商會受到兩端之夾擊。

　　居於 D點位置的廠商最令人稱羨，可同時擁有兩種策略方向

的利益。其差異化可以使它輕易地訂定較高價位，同時高效率則創造成本優勢，因此位於 D點廠商的表現將勝過產業中的其他企業。不過要同時達到這兩股優勢並非易事，通常差異化需注入會增加成本的特色；而達到產業中最低成本地位卻經常得放棄部份差異化，以使產品標準化。但最大的難題在於，每個策略會造成組織中不一致且又常相互衝突的要求，此點在下一章中再做進一步分析。

波特一般性策略還有其他問題：

1.您為什麼必須是產業中最低成本的生產者？當然，更應問的是，成本如果是第二或第三低，是否還能創造出高於一般水準的利潤？根據波特的論點，能否達到最低成本地位，與銷售量具有密切之關聯。假如產業中經驗曲線的效果很明顯，或者如果一個企業只有在擁有相當高之市場佔有率後才能達到規模經濟，此時如果有二家或更多的企業在追求低成本地泣，則全面的價格戰可能就會發生，最低成本的生產者當然就會成為唯一的贏家。但是，如果這種經驗及規模效果並未具有相當程度的作用，又或如果企業間以非價格面來相互競爭（例如服務、廣告、配銷通路），則做為第二或第三低成本生產者的劣勢就不覆存在（我們在第四節「企業定位」中再討論此點）。

2.企業必須在一般性策略中做一抉擇這項「規則」，有其他例外情形。創新（尤其是生產過程的創新）可幫助廠商降低成本而兌同時可差異化。而且如果成本與市場佔有率的確密切相關，那麼低成本的市場領導者也許能在維持其最低成本地位的同時，還有能力行差異化；相對地，成功的差

異化者或將發現，藉著銷售利潤也可以使自己成爲成本領
導者（例如，經由張固品牌的建立而差異化的企業）。

貳、顧客需求

　　有關競爭策略的討論，到目前爲止還是常忽略了顧客，尤其
是顧客的需求。除非有一群顧客對企業所提供的特定產品或服務
有所需求，否則上面討論的策略中沒有一個能成功。例如如果沒
有人再對電子計算機感到需要，則追求其製造之最低成本地位將
不具意義。雖然這顯然是極端的例子，但它旨在強調，成功的策
略始於對顧客需求的了解。如我們在第二章所討論的，顧客需求
並非一成不變，所以成功的企業必會持續與消費者需求保持接
觸，並預測其未來之可能變化；更進一步地，當我們試著要界定
我們「產業」中企業的範圍時，最可靠（且最實用）的起點是從
消費者的觀點來分析。消費者對提供迎合其需求之產品／服務的
廠商的看法，可能與企業對其競爭對手的看法大不相同。

　　「我完全相信，金融服務業的贏家將屬於那些對消費者最密切
注意者。也就是說，我必須能說出消費者最想要的第一、第二、
第三個需求是什麼？」

　　〔（Peter Ellwood，信託儲蓄零售銀行Tsb's retail banking）業
的總裁〕

　　實例3D列出一些有助於試著得到更多有關費者訊息的一些觀
念。

實例3D

了解消費者真正的需求

你是否知道：

1. 裝設「○八○」免費電話專線，以鼓勵消費者回饋。

2. 以錄音帶錄消費者「小組」（focus group）討論實況，並廣為分送至有關人員。

3. 廣為傳閱各種好的市調摘要資料（如底下實例）。

4. 各部門主管走出辦公室，與消費者接觸並隨時傳回資訊。

5. 一開始時應集中火力耕耘最重要之主顧。

6. 成立超部門小組及會議以研究消費者之意見與認知，並改善協調方式。

商店「低估服務的重要性」

根據一項由 Mintel公司委託研究，針對1,430個成年受訪者的調查顯示，大型連鎖店之間已愈來愈熱衷於彼此之價格與產品的競爭，但對員工訓練與售後服務的重視程度卻大不如昔。

現在，零售業者各忙於找出能增進其競爭能力的致勝法寶，而消費者卻抱怨商店間已大同小異。

當問到對幾家大型零售業者投入假日營業運動的看法時，值得一提的，只有18%的消費者認為立法管制很重要，但更多的人對兒童遊樂區域、嬰兒託管室與廁所，以及結帳處包裝人員的服務等，更表關切。47%的受訪者認為便利超市的結帳處最為重要，而59%的人認為，擁有能提供「真正幫助」的

專業技術職員，是實家電用品的商店的決勝關鍵。另外，大部分人認為家俱店對顧客還應再改進的事項中，以適合顧客的方式一次快速地運送到家，比貨車司機的服務態更為重要。

逛鞋店的消費者特別對被迫購買額外品如鞋油感到反感，每四個消費者中就有一個會說，每家鞋店賣的款式並無不同。

資深分析師 Caroline Dunn 說：「從我們所有的研究可看出，人們並不太清楚商店之間有那些差異，尤其是鞋類、電子及自己動手做的部門，因為他們實在太像了。依我們的觀點，服務的層次使他們因而有所差異。」

資料來源：Sunday Correspondent，24 Scptember 1989

當產業發展到競爭的本質改變時，第一個應變者將因及早採行創新而獲得利益，但在其他企業跟進後則又迅速減少其優勢。以會計師（chartered accountancy）事務所爲例，公司如開始研究如何在提洪基本的容計服務之中創造附加價值（例如提供針對其客戶的營業建議），在主要公司也開始執行這項策略行動之後，其他公司很快會順應此趨勢，結果使那些一度是成功差異化策略的關鍵特徵就變成基本標準（norm），遊戲規則因而也已改善。

一旦消費者變得更有錢且更習於要求品質、信賴與創新，則許多產業的水準就會不斷地提高。例如，在19別年代早期只有一或兩家汽車製造廠敢提供防誘保證〔例如西德福斯（Volkswagen）及奧迪（Audi）汽車，但進入1990年代時，六年車體防誘保證卻已是必備的標準。因此，生存下去的先決條件就是對品質與創新的要求，您不再能從競爭中脫穎而出。

下一節介紹波特的價值鏈（Value Chain）概念，這是一套分

析企業如何為顧客創造價值的技術。對其有用性則褒貶互見：有些管理者已成功地將這套想法運用到他們自己的情況，並因而對其事業產生了嶄新且重要的見地；有些人則主張，價值鏈的運用範疇應有所限制（如用於管理會計時）。無論如何，這並不是一個易懂的模型，因此，波特這部份的研究並不像其一般性策略般地令人印象深刻。

參、價值鏈

透視顧客需求的方法之一是價值鏈分析，企業的價值鏈如圖3-7。價值鏈首先將企業的相關策略性活動加以分類，以便了解其成本結構及現有或潛在的差異化動力，企業若能比其競爭對手更

企業基本設施					利潤
人力資源管理					
技術發展					
採購					
內勤物流	生產作業	外勤物流	行銷與銷售	服務	利潤

圖4-7　價值鏈

資料來源：Michael. E.Porter, Competitive Advantage. Creating and Sustaining Su-perior Performance（New York: Free Press, 1985）

能做好這些策略性之重要活動，就能擁有競爭優勢。從這個角色來看，波特對價值的定義如下：

「價值是顧客願意為一個企業所提供之產品或服務所付出之金額大小。價值可藉總收益、商品之標價及銷售量等，來加以衡量，一個企業所獲得的價值，若高於製造是項產品所需之成本時，便能獲利。為顧客創造出之價值能多於所需之成本，是任何一般性策略的目標。由於企業想籍由差異化以提高售價時，大多會慎重地增加成本，因此必須以價值而非成本來分析競爭態勢」（Competitive Advantage, P.38）

價值鏈可以把全部的價值表示出來，它是由價值活動（Valueactivites）以及利潤（Margin）所組成。價值活動是一個企業所採取的實體性及技術性的行動，又可分成兩大類型：基本活動（Primary Activities）與支援活動（Support Activities）。基本活動包括實體上的產品或服務的創造、較交到買主手中的過程以及任何方式的售後服務。這些基本活動也可以細分為下列各類：

1. 內勤物流（Inbound Logistics）：與產品的投入事項有關的收料、倉儲及發送等活動（包括倉庫、庫存管制、分配運送工具）。
2. 生產作業（Operations）：將投入品轉變成最終產品所涉及的活動（機器操作、包裝、裝配、測試、設備維修）。
3. 外勤物流（Outbound Logistics）：收集、儲存並分配產品，以便送到顧客手中。
4. 行銷與銷售（Marketing and Sales）：建立管道使顧客能買到產品，及誘使其購買的活動（廣告、推銷、通路選擇、訂價、促銷）。

5.服務（Service）：提供可維持或提高產品價值的必要服務（安裝、訓練、供應零件、修繕及維修）。

上述每一項都可能是優勢的來源，而且不同的產業也會各有其注重的活動（例如，服務水準對影印業有舉足輕重的影響）。

支援活動則可分成四類：

1.採購（Procurement）：為購買投入品的機能，包括所有與供結者交易之過程。採購活動對整個企業皆有影響，而不是僅止於採購部門。雖然採購活動本身占企業之經常支出成本中的比例並不高，但採購活動力匱乏可能會戲劇性地導致較高成本，但或品質不佳。

2.技術發展（Technology Development）：它不僅包括機　器及其使用方法，還包括「技術知識」（Know-how），程序及系統。對某些產業（如石油提煉業）而言，擁有處理技術可能是決勝的關鍵因素。

3.人力資源管理（Human Resource Management）：包括牽涉到員工的遴選、訓練、生涯規劃及薪資等有關的活動。有些企業承認，這些活動若透過全公司上下來共同協調，或甚至大量投資於員工身上（如 IBM,Unilever），則將獲致可觀的潛在利益。任用並留住優秀人才，已變成像會計師事務所和工程營建所這類公司的最主要策略課題。

4.企業糸本設施（Firm Infrastructure）：包括一般性管理，財務與企劃、不動產管理、品質保證等。基本設施支撐著整個價值鏈（不像其他三種支援活動僅特別地能與一或二個基本活動產生聯結）。基本設施的更好與否對競爭優勢的達成極具影響力，例如一個更好的管理資訊系統有助於控制

成本；但一個僵硬的部門結構會使組織間之溝通不順暢，
因而阻礙產品之創新。

這些價值活動間的聯結度，會是影響利益的重要因素。例
如，銷售、作業及採購之間若能充分溝通，就有助於降低（原料
及成品的）存貨；購買更貴但更可靠的設備，可節省人力成本並
因製造力的提升而改良品質。因此，這些活動不能我行我素地辦
理；如果每種活動都被認為具獨立性（如成本面），像這些重要的
利益就會錯過。

企業及其顧客間之價值鏈若能連結，則將是推動降低成本或
差異化的重要力量。如果企業是將其產品或服務實結另一個企業
（而不是最終之消費者），則為顧客的組織建立一條價值鏈是值得
一試的，因為若我們愈了解我們的顧客的事業，就愈能清楚地了
解到如何幫助他們提高績效。由於可以比我們的競爭對手更能掌
握買主的事業需求，故能與我們的顧客瘦立密切關係，因而使我
們的顧客若要與我們斷絕生意往來而尋求其他賣主時，會造成重
大損失，因為這種轉換成本已是真貿且可感覺得到，至少也會讓
他們極感不便。

究竟是我們的產品／服務本身就具有不同的特徵，還是因為
我們的差異化工作使其與眾不同？價值鏈也有助於釐清其真象。
例如，許多電腦製造業者投下大筆資金來增加微電腦的處理速
度，因而使「處理速度」成為此行業爭勝的基本利器，但是，處
理速度對所有的消費者都重要嗎？或許它對某些顧客很重要，但
對另一些人可能就無關緊要了。價值鏈有助於顧客需求的分析，
因而使我們較能判斷出顧客真正認為有價值的東西有那些，此
外，它也可讓我們看出公司內部真正需要的差異化成本，因而可

決定修剪那些對特定消費群評價不高的昂貴「特徵」。

最後，我們對運用價值鏈來分析一般性策略可以得到一個重要結論：不同的策略（例如創新、差異化、成本領導地位）需要不同的技巧與資源。下一章將探討不同的策略對各型組織的含義。

肆、企業之定位

本節將前面提過的三個主題合在一起討論：

1.企業所處之產業結構。
2.消費者的需求。
3.一般性策略。

圖3-8之縱軸表示擁有共同特徵的特定消費群或區隔。如圖所示可將消費者分為三大區隔：

區隔1：在這個區隔內的消費者僅要求一般性產品，他們對價格非常敏感。

區隔 2：這類消費者想要的，是比「區隔」所要求的基本「民生用品」(commondity)還要多出一些變化的東西。在此區的消費者對價格的敏感度，要比在區隔1的消費者來得少，而且也準備為那些能提供符合其特定需求的產品／服務的企業，多付出更高之價錢。

區隔 3：這群人願意因獨一無二、創新或排他性而付款。他們對價格（幾乎）不在意。

圖3-8之橫軸表示企業在其產業中之位置，這是把在第二章所

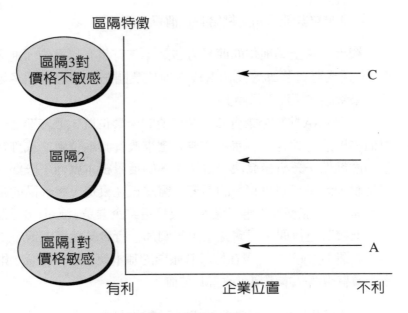

圖3-8　企業之定位

探討的產業魅力分析之觀念，延伸到個別企業的情形。就如同我們能決定整個產業的相對魅力如何，我們也能使用同樣的方式（五力模型）來評估一個企業在其產業中之位置何在。

　　在下列情況大部份具備，企業處於一個有利位置：

1.這家企業擁有忠誠的顧客群。
2.供給者並不限制其供給量；也不要求提高價格。
3.在產業中的其他公司（或來自其他行業的公司）覺得很難搶奪這家企業的消費者。
4.這家企業比其產業中的其他企業有相對較低的成本。處於不利位置的企業則無法享受到這些情況，他們也容易感受

企業應變力
企業經營實戰策略
42

到來自其他公司、供給者及消費者的威脅。

觀察一家企業地位的簡易方法是，它有沒有自己的「進入障礙」。企業可藉著改善其相對成本地位及開拓一群忠誠顧客等方法。來鞏固其「進入障礙」。

在圖3-8A點的企業處於一個可憐的產業位置，並侍奉著一群對價格敏感的顧客。這家企業要怎麼來改善其地位呢？或許在對整個產業做一分析後發現，這個產業的遠景根本就極不樂觀（也就是說，因為有強而有力的顧客、需求正在衰退、替代品的嚴重威脅等等）。那麼首先應考慮的，反是這家企業是否應退出這個產業（唯接著還得問，這家企業應轉到那一行會較能與人競爭？答案或許運不太好找）。現在假設其產業的基本架構還算健全，則這家企業有兩個基本選擇可改善其位置：

1. 忍痛降低成本，然後可使這家企業安然度過來自供給者成本增加及顧客要求更低價格的壓力；如果它能進而成為一個成本領導者，則它就有能力打一場價格的壓力；如果它能進而成為一個成本領導者，則它就有能力打一場價格戰，擊退部份成本較高的競爭者，那麼其位置也就跟著改善了。不過這個策略會面臨一個問題，低成本地位與市場佔有率或許有強烈關係（由於規模經濟或經驗曲線效果），而由於面對的是區隔1的顧客，它有必要降價以求售，如果不幸在這場市場爭奪戰中落敗，或許也只好結束營業了。因此，波特的成本領導地位策略在此可加以考慮。

2. 試著鎖定一群消費者之次群體（subgroup），這在當有一群想要多一些不同的東西的消費者時，甚為可行。他們所想委的差異可能是由於地理位置，也就是接近通路的程度不

同，或者基於特殊的要求，例如需要以散裝來運送。將此群體定為目標消費者也許不能因而提高定價（因此這不是波特所謂的約粹差異化策略），但可能有助於創造出顧客的轉換成本，因而至少可防止這家企業的部份消費者根基遭到攻擊。此策略與波特的成本集中化策略相似。

圖3-8中，B點的企業可以試著採用差異化策略，調整其產品或服務以更能符合某特定消費群的需要。然而，價格能夠提高的程度可能並不大，因此，滿足中間這層消費者之需求的廠商，必須非常著重效率。而為了蓋過一般支出，高額的銷售量是必備的，這就表示它必須同時服務許多次群體，換言之，企業照顧到每個次群體的能力將受到限制。

面對這層較寬廣區隔的企業，必須提供有些不同的產品或服務，以確保其市場地位，但這與波特的差異化策略不盡相同，因為只能訂定非常謹慎的升水價位。那麼，這些企業有能力追求成本領導地位嗎？也許可以，但在理論上只有一家企業能成為成本領導者，因此，這麼做似乎很冒險。

因此，這些企業是否注定要「陷於中間」？也許不會，因為由於效率增進，即使企業無法變成是其產業之最低成本製造商，仍能獲利；另外，因為消費者並不只在意價格，且各企業致力於追求效率可能將避免陷入價格戰，故就算無法成為最低成本企業，也不用負擔太高之風險。總而言之，這些「中間地帶」的企業將會試著不同地定位自身以確保或增加銷售額，而非追求升水價格。

企業如面對著一群不太在意價格的消費者（如圖3-8的C企業），就必須特別強調其產品或服務具有這些顧客最關心的特色。

創新或品質為首要目標，而成本控制與效率改進則屬次要。 C企業可為其消費者設文實際或籠統的轉換成本，以強化其地位，它可採用的手段包括品牌、調整產品，建立許多企業與其顧客間之聯繫及互賴性。

在圖3-9中，我們運用損益兩平圖（breakeven chart），來簡化分析企業在面對這三種型態的消費區隔群時所採用的策略。照顧區隔1的低成本／低價格企業支出較低的固定及變動成本，這使它能打價格戰而仍能在相對較低銷售量下獲利；然而，如果這個產業盛行技術顯示大量且自動化生量過程會帶來可觀的規模經濟，那麼採用這套技術的企業將會有高的固定成本（但可能有較低之變動成本），其結果則是他們必須創造更高的銷售量，才能達到損益平衡。

照顧區隔2的企業為求差異，必須比在區隔1之企業投資更多，因而可能增加固定及變動成本；如果無法因這些不同的特徵而索取升水價格，就需要以更高銷售量來蓋過這些多出來的成本。因此，若在此區隔中開創出一個過於狹窄的利基（niche），其危險性十分明顯。

區隔 3的消費者相對而言較不在乎價格，他們也準備購買那些成功的差異化廠商所提供具更高品質的產品或服務。端視這些企業特殊的成本結構及消費者對高價位的容忍程度而定，面對區隔3的企業較能開拓出適合自己的市場利基。我們還可以大膽地說，若無集中化，企業將難以維持其在這個獨特市場中的地位。

我們若以飛越大西洋的航空公司為例，這三個區隔可能情形是：

區隔1：這些顧客正在尋找飛越大西洋最便宜的方法，他們寧願選就價格而放棄便利與艙內之舒適環境。學生可能可歸入此區

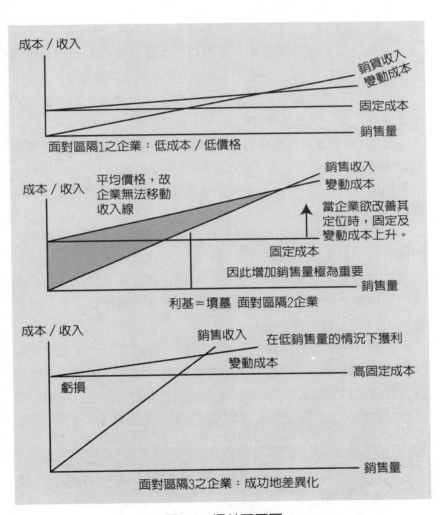

面對區隔1之企業：低成本／低價格

面對區隔2企業

面對區隔3之企業：成功地差異化

圖3-9 損益兩平圖

　　隔。

　　區隔 2：大部份的生意人及渡瑕旅客屬於此頻，他們會選擇多一些的舒適與便利，並願以稍微高出基本價格來購買

　　區隔 3：這些顧客是那些認為搭飛機就項注重便利、迅速的地勤服務、獨一無二且奢侈的艙內服務的重要人物(VIPs)。

　　區隔1的消費者只需要訂位操作員的服務即已足夠。邊際機場數的安排愈少愈好（以避免昂貴的降落與手續費用），並提供最少的艙內服務（自取午餐）。各種花樣皆被去除，以達到低成本及低價格。

　　區隔 2是一個寬廣的區隔，在這個大族群裡有機會可再辨別出擁有特別需求的次區隔。然而，如上所述這些旅客只準備多付出些微高於基本價格的升水金額。照顧這個區隔必須確定他們能吸引足夠數量的旅客，以蓋過因嚐試差異化而增加之成本（參閱實例 3E「極力追求差異化」）。

　　區隔 3的旅客能以許多方式來服侍，他們可能也會被定期航次的頭等艙所吸引（但他們仍然需與觀光客混在一起搭，這並不符合每個這類型的人的胃口），也許他們更喜歡包租一台可自己操縱的噴射機，或者更吸引人的是，何不買一架飛機？

實例 3E

極力追求差異化

　　底下摘錄幾則航空公司的廣告。

　　10月31日，國泰航空開闢最快速的曼徹斯特——香港的服務，只在法蘭克福停了一下就直飛香港。搭乘我們的快速航次，您能以更好的個貌抵達目的地。

——國泰航空（Catyay Pacific）

時光飛逝，航空公司的機票仍以人工處理，這真是令厭煩又浪費時間的事。今天，我們大大地改善這道程序。我們電腦化訂泣及票務服務不亞於任何世界一流的航空公司，請讓我們在鍵盤上一按為您做好訂位與確認，而高科技的務將由優雅且親切的櫃檯人員為您服務。現在請相信我們，

您所有的旅遊安排將在最短的時間內有效率地完成。

——科威特航空（Kulvait Airlines）

不論您身在何處，如果您想從登機到抵達這段時間內如置身天堂，請搭乘能讓旅行更時髦的航空公司。

——葡萄牙航空（TAP Air Portugal）

今年我們又再一次將十五架最新式的飛機，加入服務的行列，因此我們仍然擁有世界最新機種之一的飛機。我們德國人聞名的徹底態度及精密周全，竭盡所能地為您服務。

——德國航空（Luft hansa）

從開始到結束的飛行途中，Viasa將令人永難忘懷，因為一切都是那麼不可思議。

——委內瑞拉航空（Viasa，the Airline of Venezeula）

做為國際空運的卓越通道，維也納機場已愈來愈重要。它的好處是：中心位置、過境順暢、確認迅速、接近所有境走道，以及奧地利航空對東歐及中東便利的連結服務網。

——奧地利航空（Austrian Airlines）

　　為了最迅速地結束空中旅遊，請搭西北。

——西北航空（Northwest Airlines）

　　世上第一家擁有五寸個人電視的寬敞座位，您就如同日本航空的新任董事一樣。

——日本航空（JAL Japan Airlines）

　　當您坐在 Delta 航空公司的頭等艙，隨機服務人員會做

第五章

企業策略規劃評估與控制

完整的策略規劃管理過程

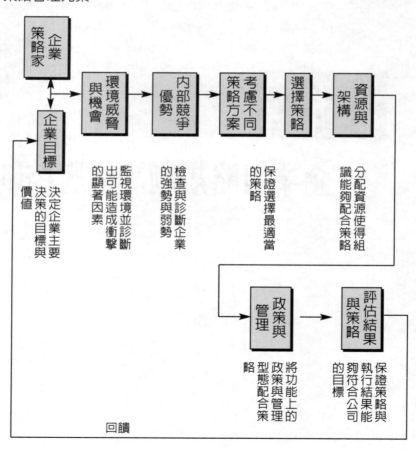

策略管理過程

分析及診斷←選擇←執行←評估

策略管理元素

企業策略家

企業目標

環境威脅與機會

內部競爭優勢

策略方案考慮不同

選擇策略

資源與架構

價值
決定企業主要決策的目標與

的顯著因素
監視環境並診斷出可能造成衝擊

的強勢與弱勢
檢查與診斷企業

的策略
保證選擇最適當

識能夠配合組
分配資源使得組

政策與管理

評估結果與策略

略型態配合策
將功能上的政策與管理

的目標
夠符合公司
保證策略與執行結果能

回饋

策略規劃考慮的四個層面

市場吸引力	公司競爭力	技術重要性	技術定位
公司規模	市場規模	市場規模	產品成本／功能比
價格彈性	成長潛力	產品範圍或應用	與競爭者的成本比較
市場分散性	市場佔有率	競爭廠商數	產品普及率
獲利潛力	市場定位	穩定性	市場滲透率
通貨膨脹容忍度	獲利率	政府法規	主要競爭者的市場佔有率
好的市場結構	毛利率		公司內部技術的評價
社會	強勢／弱勢		
環境	公司形象		
法令			
人性	員工組成		

企業環境對企業策略之影響

企業內決定對環境影響
應作何反應的主要因素
・管理哲學及形態
・獲利能力
・組成大小
・組織的生命週期
・產品線
・市場狀況
・對環境的認知
・對其影響的認知
・組織結構
・管理技巧
・其他

外部環境影響力	政策	主要的內部環境力
・經濟	・組織結構	・各階層管理人員的態度
・科技	・組織流程	
・道德	・產品線	・各階層員工的態度
・社會價值	・市場	
・服務態度	・資金配置	・員工的能力
・軍事	・設備	・操作的效率
・教育	・價格	・組織結構
・法律	・社區責任	・組織流程
・醫藥	・其他	・獲利能力
・政府		・其他

第六章

企業成長（SPM）戰略

SPM 戰略之實戰分析

一、密集成長戰略

　　所謂「密集成長」戰略是指在目前的產品及市場條件下，設法發揮力量，充分開發潛力。它依「產品──市場 的發展組合可以導出（1）市場滲透（Market Penetration），（2）市場開發（Market Development），（3）產品開發（ Product Development）等三個戰略。表6-1即是表示此種組合情況。茲略加說明。

1.市場滲透（ Market Penetration）戰略：
　　係指以舊產品在舊市場上，增加更積極之力量，以提高銷售量值之作法。其可能性有三：第一爲增加公司的顧客，例如鼓勵增加購買次數與數量，及鼓勵增加消費之次數及數量。第二爲吸引競爭者的顧客，第三爲吸引游離使用之新顧客。

表6-1　「產品──市場」據展矩陣

產品 市場	舊產品	新產品
舊市場	1.市場滲透	3.產品開發
新市場	2.市場開發	4.多角化

2.市場開發（ Market Development）戰略：

係以舊產品在新市場上行銷，以提高銷售量值之作法。其可能性有二：第一為開發新地理性市場，吸收新顧客。第二為開發新市場區隔（在原來之地理市場上），譬如發展新產品特性以吸引新目標市場顧客，進入新配銷通路，或使用新廣告媒體等。

3.產品開發（ Product Development）戰略：

係指在舊市場推出新產品，以提高銷售量值之作法。其可能性有三：第一為發展新產品特性或內容，譬如用適應、修正、擴大、縮小、替代、重新安排、反面反排，或以上各種綜合法來改變原來的產品外型或機能。第二為創造不同品質等級的產品。第三為增加原產品的模式及大小規格。開發新產品等於創造新市場及新顧客，屬於很重要的成長戰略。

4.多角化（ Diversification）戰略：

即公司開發新的產品，開發新的市場以增加市場行銷量（註：此策略並不屬於密集成長策略，而是滲透開發策略）。

二、整合成長戰略──企業併購

所謂整合成長戰略，係指移動本公司在行銷體系向上、向下或向水平方向發展，以提高效率及控制程度，並導致銷售與利潤之增企業經營實戰策略加。向上發展亦稱為上游（或向後）整合（Backward Integration）；向下發展亦稱為下游（或向前）整合（Forward Integration）；向水平發展亦稱為壟斷整合（ Horizontal or Monopolistic Integration）。茲略加說明如下：

1.向上游整合（Backward Integration）戰略：

係指控制原材料或零配件供應商體系，使其與本公司在所有權或產銷活動上結成一體，提高經濟規模。

2.向下游整合（Forward Integration）戰略：

係指控制成品配銷商體系，使其與本公司在所有權或產銷活動上結成一體，提高經濟規模。

向上或向下整合，都能使公司的業務種類及範圍多樣化及擴大化，提高經濟效率。

3.向水平整合（Horizontal Integration）戰略：

係指控制立於平行地位之競爭者，使其與本公司的產銷活動採取一致之行動，減低競爭壓力，並擴大經濟規模。當然，過度的水平整合會造成市場壟斷局面，對顧客不利。

三、多角成長戰略──經營 Know how

所謂多角成長戰略係指公司超越目前行銷體系之外，同其他行業或產品項目發展之作法。通常都是在認為密集成長或整合成長戰略比較差時，才會採取此多角成長戰略。多角戰略之組成要素有三，即是（1）技術、（2）行銷，及（3）顧客。以此三要素可組成三種多角成長戰略，即是「集中多角化」（Concentric Diversification），「水平多角化」（Horizontal Diversification），及「綜合多角化」（Conglomerate Diversification）。茲略加說明如下：

1.集中多角化戰略：係指增加在技術上或行銷上與目前原有

產品種類有關之新產品的投資作法。這些新產品通常又是
供給新顧客使用。

2.水平多角化戰略：係指增加在技術上與目前原有產品種類
無關，但賣給原有顧客之新產品的投資作法。

3.綜合多角化戰略：係指增加在技術上或行銷上都與目前原
有產品種類無關，又不買給原有顧客之新產品的投資作
法。通常此種成長途徑的目的在於抵銷公司的缺點，或利
用環境的機會。譬如抵銷季節變動或分散風險等等。

第七章

BCG矩陣策略分析

波斯頓企業矩陣策略（BCG矩陣策略）

　　美國波斯頓顧問公司（Boston Consulting Group）創立一個企業配當矩陣圖（BCG Business Portfolio Matrix），以市場成長率（Market Growth Rate）為縱座標，以公司相對之市場佔有率（Relative Market Share）為橫座標，劃出矩陣圖，再把目前已有的事業部放入四象限圖內，左上方為「高成長－高地位」之「明星群」（Stars）地位，右上方為「高成長－低地位」之「疑問群」（Question Marks）地位，左下方為「低成長－高地位」之「金牛群」（Cash Cows）地位，右下方為「低成長－低地位」之「落水狗群」（Dogs）地位。

1.明星群（Stars）：

　　係指那些有高成長率、高市場地位的戰略事業部，最需要現金來支援成長，否則將減低成長率而變成金牛群。

2.金牛群（Cash Cows）：

　　係指那些有低成長率、高市場地位的戰略事業部，它能產出大量現金，支援其他類的事業部，如疑問群。

3.疑問群（Question Marks）

　　（問題兒童）：係指那些有高成長率，但低市場地位的戰略事業部，它需要大量現金來維特地位，或提高市場佔有率，以變為明星群，否則將來定會變成落水狗群而退出市場。

BCG矩陣（波斯頓企業態勢成長與佔有率矩陣圖）

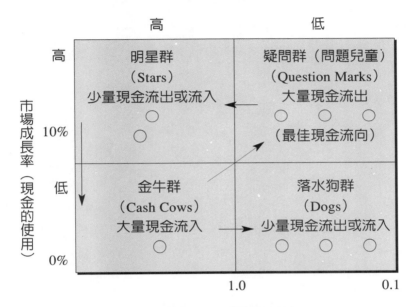

相對市場佔有率（市場地位）
（現金的產生）

註：圖中之圓圈代表某特定戰略產品事業之規模。

4.落水狗群（Dogs）：

　　係指那些低成長率及低市場地位的事業部。它們也許尙能產生現金維持自己的生存，但不可能有其他大作為。當然它們也很可能被退出市場。

　　凡是市場佔有率（市場地位）越大的事業部，越能賺取現金，但凡是市場成長率越高的事業部，則越需要現金來支持它的生存及成長。

第八章

企業競爭戰略分析

市場競爭

　　成功的企業在市場競爭的整體作戰中，都能尋找出一個獨特的市場定位，以期有別於競爭者，並由這種差異化策略中獲取競爭優勢及市場利基（Market Niche）。

　　定位（Positioning）可協助企業公司發展出低廉成本、高度強化又集中的服務，而低成本和高品質的服務就是企業生產力的張勢戰力。

　　策略大師麥可‧波特（Michael Porter）在其大作「競爭策略」中指出，競爭策略有三種基本形式：（1）整體成本的領導地位，（2）差異化和（3）集中式競爭。成本的領導地位策略可藉由低價格、高銷售量和高市場佔有率來賺取高額利潤；差異策略係針對小的市場和低銷售量，提供高價格和高利潤的產品或服務；集中式競爭策略則針對高度集中的市場利基，以低成本和少許差異化設計的搭配，對此市場利基中的目標顧客群做定位訴求。

　　競爭策略是組合企業所追求的目標與欲達到生存發展的方法及政策。不同的企業使用不同的字眼來代表某種特殊情況。例如，有些企業使用「使命」Mission）或「目的」（Objective）以代替「目標」（Goals）；有些企業採用「戰術」（Tactics）而不是用「運作」（Operating）或「功能政策」（Functional Policies）。

　　然而，策略的基本觀念是掌握在目的（Ends）與方法（Means）之間的致勝點子。

　　下圖即為「競爭策略轉輪」（The Wheel of Competitive Strategy），乃是在一頁紙上用來解說一個企業競爭策略的主要向

面工具。

轉輪的車轂是企業的目標，它是企業希望用什麼方式來競爭，以及其特定的經濟性與非經濟性目的的廣泛定義。轉輪的輻條是企業用來設法達成這些目標的主要運作政策。在輪上每一部首之下，個別功能領域之關鍵運作政策說明，應從企業的活動中演變出來。

根據事業的本質特性，管理階層對這些關鍵運作政策的闡明可以略為調整其明確性，這些政策一旦訂定，策略的觀念即可用來指導企業的整體競爭行為。正如一個輪子，輻條（政策）應當從車轂　向外輻射並反射回到車轂（目標），而且每一輻條必須互相結合，否則輪子就無法轉動。茲將競爭策略轉輪（圖8-1）：

圖8-2則用來說明在一般水準下，擬定競爭策略需要考慮的四個關鍵因素，這些因素決定了一個公司可以達成的界限。公司的優勢與劣勢是指它的資產和技藝與競爭者比較之下的概況，包括財務資源、技術地位、品牌認識等等。一個組織的個人價值觀，是指主要經營者及其他必須推行策略的人員，他們的個人動機和需要。優勢與劣勢加上價值觀，決定了公司得以有效採行的競爭策略的內部界限。

外部的界限是由它所屬的產業及廣大環境所決定。產業內的機會與威脅界定了競爭的環境，並帶來相關的風險和潛在的報酬。社會的期望是在反映加於公司的衝擊，諸如政府的政策、社會的關切、習俗的演變等等。一個企業在擬定一個確實可行的目標和政策之前，一定要考慮這四項因素。一個競爭策略是否適當，可以測試其擬議的目標與政策是否有一致性來加以判斷與決定。

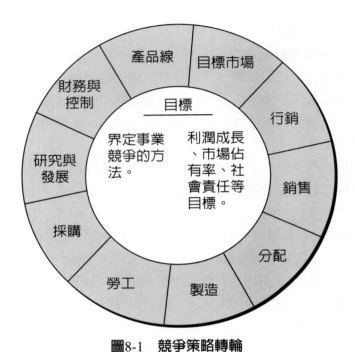

圖8-1　競爭策略轉輪

資料來源："Michael E. Porter.""Competitive Strategy" Techniques for
Analysing Industries and Competitors

一致位的測試

內部的一致性（Intemal Consistency）

各個目標彼此間都能達成嗎？

關鍵政策是否談到目標？

關鍵政策是否彼此補強？

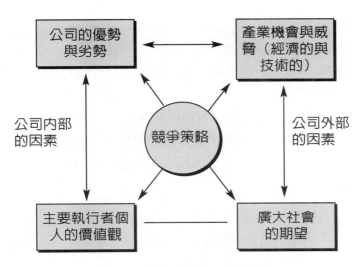

圖8-2 擬訂競爭策略的架構

資料來源：〝Michael E. Porter.〞〝Competitive Strategy〞 Techniques for Analysing Industries and Competitors

環境配合（Environmental Fit）

目標與政策是否利用了產業的機會？

目標與政策是否已在可用資源範圍內，盡力的應付產業的威脅（包括競爭的報復風險）？

目標與政策的時機是否反映了環境對此等行動吸收的能力？

目標與政策是否回應了一般社會的關切？

資源配合（ Resource Fit）

目標與政策是否配合了與競爭者相較的公司可用資源？

目標與政策的時機是否反映了組織的改變能力？

溝通與推行（Communication and Implementation）

　　目標是否為關鍵之推行人員所充分了解？

　　目標與政策和推行人員之價值觀，二者之間是否有足夠的協調以確保他們的承諾？

　　管理能力是否充分得以有效進行？

　　有效競爭策略的這些廣泛考慮，可以推展為擬定策略的一般性步驟。下面列舉的問題大綱提供了一個擬訂最佳競爭策略的步驟。

擬訂競爭策略的步驟

　　企業在擬訂競爭策略時，必先分析企業競爭環境的 SWOT 重要因素， S即是 Strength（優勢）、 W即是 Weakness（劣勢）、 O即是 Opportunity（機會）、 T即是 Threat（威脅），茲將擬訂競爭策略的步驟分述如下：

步驟一、確定企業目前在做什麼？

　　1.確認

　　　什麼是目前隱含的或明示的策略？

　　2.隱含的假設

　　　有關於公司的相對地位、優勢與劣勢、競爭對象及產業趨勢，應當做什麼假設才能使目前的策略有意義？

步驟二、分析目前競爭環境發生什麼狀況？

　　1.產業分析

什麼是競爭成功的關鍵因素，以及產業的機會與威脅？

2.競爭對象分析

什麼是現有及潛在競爭者的能力與限制，以及其未來的可能行動？

3.社會分析

哪些重要的政府政策、社會及政治因素將帶來機會或威脅？

4.優勢與劣勢

分析了產業與競爭者之後，與目前及未來競爭者相較，什麼是公司的優勢與劣勢？

步驟三、決定企業目前應當做什麼？

1.假設與策略的測試

和步驟二的分析比較，有關的假設如何容納到目前的策略內？

策略符合一致性的測試結果如何？

2.策略交替方案

根據上面的分析，什麼是可行的策略交替方案？（現有策略是其中之一嗎？）

3.策略性選擇

哪一交替方案最能關係公司的處境和外在的機會與威脅？

以下即為企業競爭戰中，企業戰力的優勢與劣勢評估（表8-1）：

表8-1　企業競爭優勢與劣勢之評估實戰分析表

企業戰力評估		與競爭者的優劣比較		作戰策略
		□勝　□敗	優勢與劣勢	
創新戰力	・研究與科技陣容 ・研究設備 ・基礎研究力 ・應用研究力（商品開發力） ・專利權			
生產戰力	・生產產能 ・生產技術力 ・生產管理力 ・生產設備力 ・原料與品質			
財務戰力	・經營資本 ・流動資金 ・負債能力 ・自有資金能力 ・自有資金能力 ・融資能力			
管理戰力	・經營管理人的才與德 ・中堅幹部與基層人員的素質 ・組織力 ・人事行政管理力 ・策略決策力			
行銷戰力	・產品系統戰力 ・物流戰力 ・廣告與促銷戰力 ・銷售據點與戰力 ・行銷通路 ・服務力			
顧客戰力	・經營區隔的規模與成長 ・顧客的接納度 ・顧客的忠誠度			

SBU策略事業單位分析

在企業整體策略企劃中，策略事業單位（Strategic Business Unit/SBU）為一項非常重要的創新理念；ＳＢＵ係指在企業體中的一個獨特組織單位，具有特定的事業策略，並有一位統籌銷售與利潤全責的專業經理人。在多角化經營的企業體中，SBU確實能為多角化公司帶來無窮的企業戰力。

在同一個企業體中，應如何將有關的事業單位或部門合併且視為一個整體SBU，則有賴於企業經營者的智慧研判。在企業實戰經驗中，如果某幾個事業的策略與外界競爭對手均大致相同，則可將各該事業合併稱為一個SBU。反之，如果各事業彼此互異，則以分別視為不同的SBU為宜。

除此之外，尚有以事業單位的規模為著眼點。例如，某兩個事業單位，其銷售及組織需求均極龐大，則此兩個事業單位的策略雖然極為類似，應以個別視為兩個SBU較妥當。另一方面，如果各事業單位的規模均甚小，而仍分別視為不同的SBU，則在企業組織結構上可能會有所偏差而不切實際。

下表即為最實戰的競爭策略企劃矩陣：

市場競爭態勢分析圖

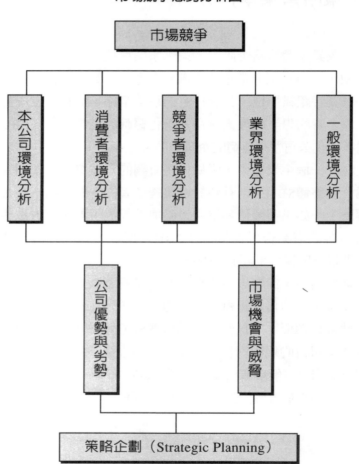

競爭策略企劃矩陣（Competitve Strategic Planning Matrix）
──SWOT戰略分析

SWOT	Strength 優勢	Weakness 劣勢	Opportunity 機會	Threat 威脅
企業 分析				
競爭 者分析				
產業 分析				
顧客 分析				
環境 分析				

麥斯威國際行銷研究中心

第九章

企業策略分析之整體作戰

設定、推行經營方針和計畫的方法

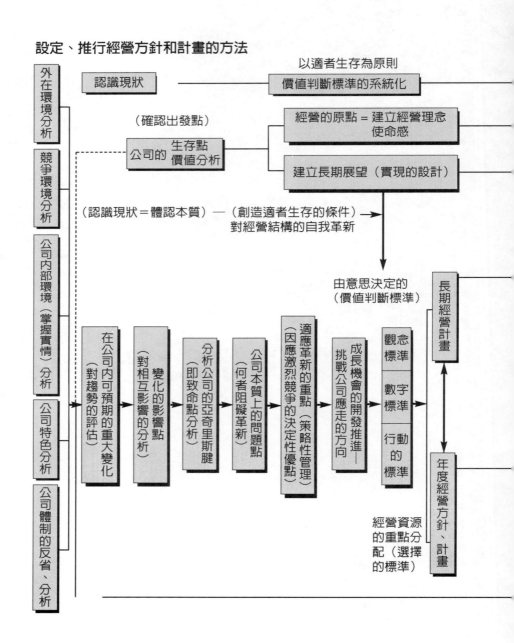

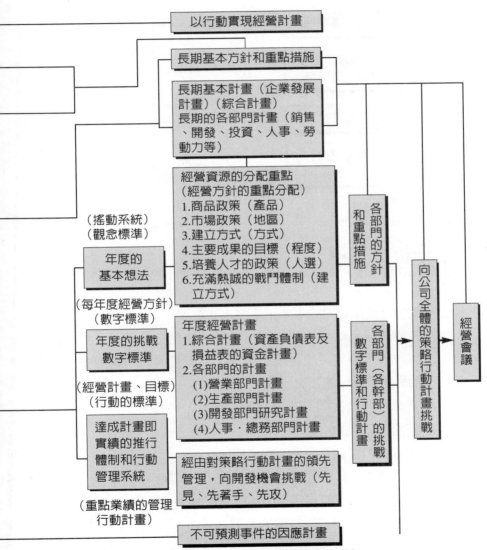

以行動實現經營計畫

長期基本方針和重點措施

長期基本計畫（企業發展計畫）（綜合計畫）
長期的各部門計畫（銷售、開發、投資、人事、勞動力等）

經營資源的分配重點
（經營方針的重點分配）
1. 商品政策（產品）
2. 市場政策（地區）
3. 建立方式（方式）
4. 主要成果的目標（程度）
5. 培養人才的政策（人選）
6. 充滿熱誠的戰鬥體制（建立方式）

年度經營計畫
1. 綜合計畫（資產負債表及損益表的資金計畫）
2. 各部門的計畫
　(1)營業部門計畫
　(2)生產部門計畫
　(3)開發部門研究計畫
　(4)人事・總務部門計畫

經由對策略行動計畫的領先管理，向開發機會挑戰（先見、先著手、先攻）

不可預測事件的因應計畫

（搖動系統）
（觀念標準）

年度的
基本想法

（每年度經營方針）
（數字標準）

年度的挑戰
數字標準

（經營計畫、目標）
（行動的標準）

達成計畫即
實績的推行
體制和行動
管理系統

（重點業績的管理
行動計畫）

（危機管理）（全天候型經營的推動）

各部門的方針
和重點措施

各部門（各幹部）的挑戰
數字標準和行動計畫

向公司全體的策略行動計畫挑戰

經營會議

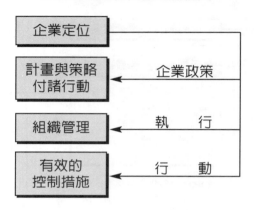

策略管理與組織管理流程圖

企業定位

計畫與策略
付諸行動　　　　企業政策

組織管理　　　　執　　行

有效的
控制措施　　　　行　　動

策略分析之要項

1.明確界定產品策略或事業策略擬案的意義。

2.詳審構想該策略擬案開始執行後可能產生的後果，並特別
認明該策略擬案可能促成的影響、可能造成的銷貨成長，
及競爭對手可能激起的反應：

(1)本公司的潛在顧客及潛在競爭對手，可能因此一策略擬
案而有怎樣的反應？

・本公司對顧客認識的程度如何？

・本公司對顧客的可能反應方式，有何種程度的把握？

・競爭對手可能出現那些不同的反應？

・本項策略提案一旦開始實際執行後，本公司管理階層
對於行動方向是否能有相當程度的改變？管理階層是

否將因此而受到行動束縛？管理階層有無可能創造槓桿力量的資源？

(2)本項策略擬案，在於追求何種類型的事業？

・本項策略擬案需要怎樣的顧客焦點？

・本項策略提案倘獲成功，其所產生的利潤將為何種類型的利潤？

・本項策略提案執行後，將來的產品線將為何種類型的產品線？（例如：產品的項目數、銷售數字、異樣化程度、成熟階段、市場地位等）。

(3)本公司的產品或事業，估計於五年後將演變為何種模樣？

・應就本項策略的事業計畫中每一個構成項目，分別推斷，估計其五年後的演變情況；並特別注意其有關的背景、環境及各項職能計畫。

・應檢討此項概括性的計畫，分析其可行性、執行結果及可能出現之意外（例如：倘估計本公司五年後，將可由毫無業績而激增至五億元銷貨水準，則本公司將可能在資源掌握方面，或費用支出方面遭遇困擾。）

3.繼而再從各種不同角度，詳審本項產品策略或事業策略的每一個層面。本項查核，目的不在於分析策略的良窳，而僅而於加深對策略的認識，以期減少將來執行時，出現預料外不幸情況的可能性。

4.實施本項策略模式分析時，務請注意勿故作驚人的構想。一切分析均應以一般常理的範圍為之。

策略行動與控制流程

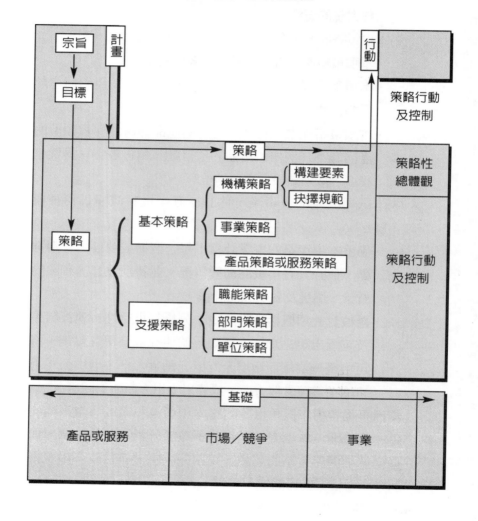

第十章

企業策略規劃個案研究

個案一　洗髮乳

前言

俗語說：「凡事預則立，不預則廢。」意思也就是說，不論做什麼事情，都要預先有所計畫，按部就班行事。

本A牌化妝品公司一向在化妝品之生產及銷售上，有良好的計畫及規律，今日因發覺目前台灣之洗髮乳市場尚屬一個相當紛亂的時代，有相當大的發展空間，故亟欲向此一市場進軍，利用原本化妝品之知名度，進一步使本公司之洗髮乳能在市場上佔有一席之地。

因此，為使本公司新出品之洗髮乳——Prettess（蓓蒂絲）能在商場上擊敗所有競爭者，故製作此企劃書，期能一戰成名，在銷售上創造最高點。

市場競爭態勢

一、市場分析

1.就洗髮乳在市場之狀況而言

台灣是一個不斷在進步的社會。在一個不斷向前進的社會裡，人類的活動會增多，人際關係會愈來愈受重視，人們會注意自己的形象，尤其個人的衛生，是個人的基本表徵。個人從頭到腳的整齊清潔，已是塑造一個人良好形象的基本要素。就以頭髮

之保養而言，據調查顯示，在台灣，洗髮精、洗髮乳已成為家庭生活中不可或缺的必需品，且每個人家中亦不止一瓶，使用頻率如下表所述：

	每天洗頭一次	兩天洗頭一次	三天洗頭一次	三天以上洗頭一次
男性	50%	25%	220%	5%
女性	5%	64%	28%	3%

可見其需求量之大，目前之洗髮乳市場仍未達到飽和。再者，人們在洗髮時，已從單純的注重清潔衛生，演變到同時注意頭髮的保護。故兼具洗淨與保護頭髮功能之洗髮精已成市場主流。其中強調雙效合一（即洗髮、潤髮同時完成）之洗髮乳更成為一股趨勢。

洗髮乳的另一個訴求重點，在於強調洗後的感覺。當所有的塵垢被洗淨同時，會因人因事而有不同的感覺產生，然而這種感覺畢竟較抽象，消費者也可能因喜歡傳播媒體塑造出來的感覺，而將之當成自己洗後的感覺。故市面上幾近六、七十種不同的洗髮乳，皆各有各的訴求——無論在功效或感覺上。

2.就洗髮乳之品牌在市場之狀況而言

目前市場上所有的，即廣大消費者在使用的洗髮乳如上所述，共有六、七十種之多，且有不斷增加新品牌及新配方的趨勢。在這麼多的品牌中，消費者究竟能記得那些？願意使用哪一種品牌？是所有洗髮乳業者所要努力的方向。在調查的結果中，我們發現男、女對洗髮乳品牌的記憶及使用有相當大的差異，並分別用圖表做如下表示：

男、女性心目中最知名的洗髮乳品牌

	第一名	第二名	第三名	第四名	第五名
男性	耐斯566	VO5	海倫仙度絲	花香5	伊佳伊
女性	麗仕	花王	飛柔	潘婷	耐斯566

男、女性實際上使用最多的洗髮乳品牌

	第一名	第二名	第三名	第四名	第五名
男性	海倫仙度絲	麗仕	耐斯566	美克能	伊佳伊
女性	潘婷	麗仕	飛柔	海倫仙度絲	飄雅

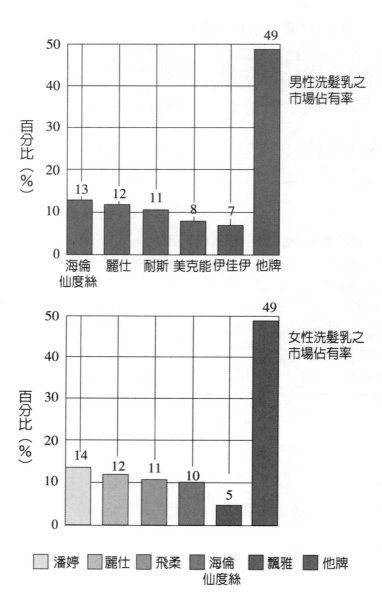

男性洗髮乳之
市場佔有率

女性洗髮乳之
市場佔有率

　　由上圖可知，並沒有任何一個品牌的洗髮乳在市場上佔有絕對優勢，排行前幾名之洗髮乳，所佔市場銷售量之百分比亦相當接近，其競爭之激烈亦可想見一斑。欲加入此一戰場的競爭者，非了解此點不可。

二、消費者分析

　　在廣大的消費群中，男性的頭髮一般而言較女性短，故頭髮上的問題較少，較多人重視問題是頭皮屑的去除。女性的頭髮較長，問題也較多，一般較擔心頭髮會受損、分叉、斷裂等等，希望能對秀髮有所保護，或散發動人的感覺。然而不論男性或女性，大人或小孩，洗髮已是生活中的一部份。

　　調查的資料也顯示，大多數的人與家人共用洗髮乳，且家中洗髮乳不止一種品牌，即使是個人專用者，在最近半年內也換過多種品牌，可見就多數人而言，對於項商品是沒有品牌忠誠度的，只要有新的產品能符合消費者的要求，消費者即可能購買使用。

　　一般而言，消費者購買洗髮乳，並非固定由家中某人去購買，換句話說，任何人都可能去購買，而大多數的購買者可決定想購買的品牌，少部分會依家人指定之品牌購買，或指定品牌由家人購買。總而言之，購買者於購買時多具有自主性。

　　茲將消者希望產品具有之功能，及影響其購買行為之因素表列於後，以方便對消費者有所了解。

消費者希望產品具有之功能

	第一名	第二名	第三名	第四名	第五名
男性	去頭皮屑	洗後清爽	配方溫和	雙效合一	好沖洗
女性	雙效合一	洗後清爽	好梳理	可滋潤頭髮	配方溫和

影響消費者購買行為之最重要因素

	第一名	第二名	第三名	第四名	第五名
男性	有特殊功能	適合自己髮質	價錢合理	基於習慣	品質好
女性	品質好	適合自己髮質	有特殊功能	基於習慣	香味好

三、競爭分析

SWOT	Strength 優勢	Weakness 劣勢	Opportunity 機會	Threat 威脅
企業分析	1.有績優化妝品牌之形象為後盾。 2.財力雄厚，能做長期抗戰。	以競爭者之姿態出現於市場中，易遭遇強硬之抵抗而成為眾矢之的。	1.各品牌之市場佔有率皆偏低，可善加利用。 2.競爭者姿態可給人深刻印象。 3.有特殊配方提供消費者可信賴感。	消費者之品牌忠誠度非常不易掌握。
競爭者分析	既有之知名度及佔有率為其行銷上有利之點。	大多數無法突破或創新產品特性，造成在相同之訴求點下競爭激烈之情形。	繼續加強種稍售政策，或可作一番掙扎。	品牌忠誠度低，隨時可能流失購買者。
產業分析	1.產品屬民生必需品，不可或缺。 2.獲利率可觀。	產品同質性高，多半只能在感覺及廣告上求變化。	市場仍然廣大，未達飽和，發展潛力仍相當強。	消費者喜新厭舊，不能積極創新者必遭淘汰。
顧客分析	消費導向的市場，產品必須滿足消費者的需求。	洗髮精為民生必需品，消費者依賴度高，市場不能無此項產品。	品牌眾多，消費者可根據自己之需要及喜好選擇不同的品牌。	產品品質良莠不齊，稍一不慎即可能蒙受損失。
環境分析				

四、產業分析

1. 根據調查，台灣15-49歲的女性人口，在洗髮乳的使用人口比率上接近百分之百，洗髮用品的消耗量十分驚人，市場的規模如此之大，再加上洗髮用品的使用幾乎沒有性別的限制，未來隨著人口的增加，其將來的發展及潛在的利潤必是難以估計，基於此一誘因，所以市面上有各種類型的洗髮用品。

2. 使用慣也由早期的洗髮精搭配潤髮乳（二瓶）的使用方式，演變到使用洗髮、潤髮雙效合一的單瓶洗髮乳，洗髮乳最近甚至有三效／四效／全效的出現，講求時效、多效的時代已經來臨，而且形成一股風潮。

3. 由於產品不斷地推陳出新，每年皆有許多新產品或舊產品重新包裝、改變配方後，再次投入市場，所以市場上始終呈現戰國時代，各種品牌充斥市面的混亂局面，也因為不斷有新品上市，再加上消費者喜新厭舊，喜好嘗試新產品的好奇心理，造成消費者對品牌的忠誠度不夠。

4. 因此，新品很可能一夕之間一炮而紅，成為搶手貨，銷售量不斷增加，市場佔有率也在一夜之間三級跳，前景似乎一片光明，但是若無後續的行銷策略或在品質上加以改良，相信很快地又會被其他新品迎頭趕上，昔日辛苦經營才享有的甜蜜果實，很可能成為其他新品成功的踏腳石。

5. 基於以上各點，可知洗髮用品是淘汰率極高之產業，從另一方面來說，就是挑戰性極高的產業，而其成功的不二法門便是不停地求新求變。

問題點	機會點
1.產品的同質性高，多半只能在效果上求變化。蓓蒂絲強調多效，在訴求重點上不易掌握。 2.多數人認為常更換品牌，對髮較有助益。 3.在銷售據點上，各式洗髮用品都集中陳列在同一貨架上，因此，太多干擾會淹沒產品位置。	1.洗髮用品的品牌忠誠度低，因此對新品牌而言，建立品牌知名度較易。 2.蓓蒂絲採三種顏色的洗髮乳，市面上屬首創，而且包裝精美，極符合日漸講究高品質、特殊化之消費趨勢。 3.蓓蒂絲針對市面雙效合一，潤髮效果不足的缺點，加以改良，使其真正達到潤髮的效果。

五、企業分析

1.企業之沿革、組織及規模：

　　本公司成立於1980年，剛成立時的資本額是12,000萬元，以服份有限公司的形態經營，草創初期致力於推動機器自動化設備的全面更新，並編列預算於研究開發及生產技術的改良。很幸運地，三年內業績不斷突破，營業額也迅速地攀升，為公司創造巨額的利潤，因此於1984年正式發行股票。基於利潤共享的原則，全體員工皆參與認股，而資本額亦由原先的12,000萬元，經過多次的增資及配股，擴充至現今的20億。

　　20億的資本額中，80％屬自有資本，另有20％的外資。由於現今環保意識的提倡，本公司亦編列龐大的預算於添購及更新各項防治污染的設備，在現今的同業中，無一企業有此魄力，且規

模可與本公司相提並論者。因此十多年來,多次獲得政府的嘉勉,並曾被選為全國十大模範企業,董事長更於去年當選十大傑出企業家。更值得一提的是,去年向證管單位申請股票上市,並於最近核準,年底即將成為股票上市公司,此後資金的調度將更活絡,更有利於企業之經營。

今年更增投資入女性洗髮乳的市場,朝向多元化的企業經營,一方面分散單一企業的投資風險,創造更高之利潤;另一方面為滿足自我,追求高品質之女性提供另一項服務。

2.企業經營之範疇、理念及未來發展方向:

本公司乃從事於女性化妝品的製造與行銷,十多年來由於堅持以下之經營理念:

- ‧重視顧客需求,不斷努力創新,生產最佳產品。
- ‧秉持誠信原則,提供滿意服務,贏取客戶支持。
- ‧迎合市場趨勢,擴大經營層面,創造企業利潤。
- ‧落實管理制度,強化公司體質,塑造良好形象。
- ‧積極培育人才,重視員工福利,創造諧環境。
- ‧發揮團隊精神,提高工作效率,迎接新的挑戰。

因此,在消費者的心目中,本公司是女性化妝品之最佳代言人,基於消費者的賴,本公司一直對女性消費心理不斷地分析研究,更致力於將女性的新需求付諸實現。

現念女性的消心理已由被動的選購現有之商品,演變至今日主動對商品提出新要求。為滿足其理想商品的需求,「走在潮流尖端,滿足女性需求」便成為我們努力的方向。

洗髮乳的行銷則是本公司的另一發展重點,基於化妝品的行

銷策略成功，本公司憑著對女性心理的多年研究及趨勢掌握，將觸角擴及女性洗髮乳的市場，並希望一舉攻佔市場，所以本公司特別針對此市場作一市場調查，以下便是我們根據調查結果所作之行銷策略。

市場經營策略

　　目前女性洗髮乳的消費市場，潘婷目前暫居市場佔有率第一名，而其強調的重點是洗髮、潤髮一次完成，並加上能強健髮質，使頭髮更健康，發出耀眼的光澤。

　　而居第二、第三位的則是麗仕及飛柔，由此可看出，女性對洗髮乳的要求仍著重於洗髮、潤髮合一的雙效效果。而最先提出這項新特點的飛柔仍具有一定的佔有率，更可證明雙效的訴求受到大多數女性的認同，而潘婷、麗仕的成功，應是其多了一項護髮的功能。潘婷的護髮效用是添加了Provitamin B5的成分，麗仕則是添加天然貂油，一方面提供產品之品質，另一面更塑造一種高貴的形象，所以一推出便獲得女性的認同，很快地在市場上佔有一席之地。

　　本公司所要推出的蓓蒂絲（Prettess）洗髮乳，便是根據此次調查結果，完全針對女性對洗髮乳的需求而推出洗髮乳，蓓蒂絲不但具有洗髮、潤髮的效果，更因為添加了Bio-Protein的成分，使秀髮不但具有護髮的功效，且兼具養髮的效果，所有女性對秀髮的困擾都可藉蓓蒂絲來幫助妳解決。

　　此外更以半圓型的造型及單瓶洗髮乳三色的創新包裝來切入市場，讓女性除了達到洗髮、潤髮、護髮、養髮的效果外，更希

望其在視覺上也有不同的感受，所以Prettess是以「超強」、「創新」
的姿態向其他品牌挑戰。

商品定位

1.使用者：女性

2.功能：

   (1)潤髮、護髮

   (2)雙效合一（洗髮、潤髮一次完成）

   (3)易沖洗

   (4)防止頭髮分叉斷裂

   (5)去頭皮屑、止頭皮癢

   (6)髮型持支

   (7)防靜電

3.分類：

   (1)乾性頭髮

   (2)中性頭髮

   (3)油性頭髮

4.洗後感覺：光采煥發、神韻飛揚，使用本產品而使髮質健
康，藉健康髮絲而建立起自信，進而表現出蓬勃、活力、
有精神。

5.訴求重點：強調潤髮、護髮功效

   原因：根據本企劃案市場調查之結果，得知受訪之女性認
為，使她們髮質受損最大的三個原因是：燙髮，使用吹風
機，以及風吹、日曬、雨淋；而她們最擔心髮質乾燥的問

題。自此次市場調查結果亦知，女性受訪者以往使用雙效
合一之洗髮乳時，多不確定「雙效合一」中的潤髮功效，
甚而有受訪者在使用「雙效合一」的洗髮乳之後，再使用
潤髮乳以潤髮。

目的：針對上述原因，本產品之訴求重點乃在於強調潤
髮、護髮之功效，確實執行本產品對品消費者之承諾，即
本產品確實具有「雙效合一」之效果——不只洗淨頭髮，
更能滋潤、保護頭髮。

目標市場

針對教育程度爲大專程以上之女性學生、女性上班族。

市場區隔

1.年齡：20-29歲

2.性別：女性

3.家庭收入：5～10萬／月

4.可支配所得：元以上

5.生活型態：學生、上班族、未婚、大專程度以上

6.消費習性：

　(1)非任一品牌之忠誠「擁護」者

　(2)喜歡嘗試新產品

(3)有好奇心者

7.區域：台灣全省各地

市場定位

1.蓓蒂絲洗髮乳定位為高品質、中價位之多效洗髮乳。

2.目前市場上洗髮精品牌眾多，雙效洗髮乳即多達二十餘種，競爭十分激烈。蓓蒂絲洗髮乳既屬市場新商品，市場首要目標在於打開產品知名度。

3.以打倒市場競爭者潘婷Pro-V為原則，趁潘婷尚未站穩市場優勢時，趁機切入目標市場。

4.第一年預計達目標市場佔有率10％，並以成長為第一品牌洗髮精為最終目標。

商品策略

商品開發

1.針對目前市面上的雙效髮乳，其潤髮效果普遍不甚理想，因此本商品特別增添神奇配方Bio-Protein，以加強其潤髮、護髮、養髮的效果。

2.蓓蒂絲洗髮乳採創新三層色的方法，以吸引消費者注意。

　　將每瓶洗髮乳分為三種色彩，不僅外觀大方，並使消費者
在洗髮時能有新樂趣，洗出新心情。

商品生命週期（Product Life Cycle/PLC）

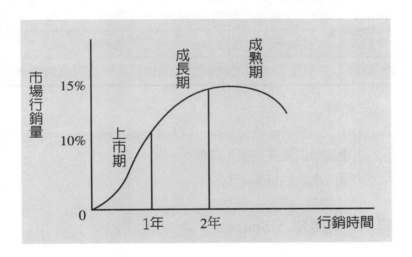

　　1.上市期：即商品的初期發售階段，特點是消費者並不了解
　　　商品品名、特性、應加強促銷。

知名度	小	成本	高（大量廣告公關費）
產量	小	利潤	小
出貨量	小	促銷	告知商品品名、特性
消費對象	對新產品、流行產品有好奇心者		

2.成長期

知名度	增加
產量	增加企業產能、增加產量
出貨量	擴大鋪貨、增加出貨量
成本	高(大量廣告公關費)
消費對象	A.鞏固原有消費群 B.因他人口碑而購買者
競爭策略	注意是否有其他競爭商品出現採差異化戰略來應變

3.成熟期：

(1)加強消費者品牌忠誠度，延長成熟期時間。

(2)繼續強調產品差異化特性。

(3)擴張市場佔有率。

品牌──蓓蒂絲（Prettess）

1.外觀設計

2.包裝：

(1)瓶身爲硬質透明塑膠所製，正反面精印著商標，背面並註明商明成分、功效、容量等事項。

(2)瓶蓋爲硬質不透明塑膠製品，依油、中、乾性分別爲不同色系：

・油性髮質專用爲粉藍色系

・中性髮質專用爲粉紫色系

・乾性髮質專用爲粉紅色系

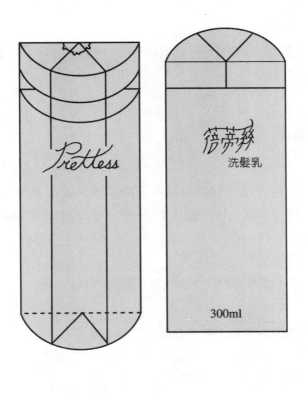

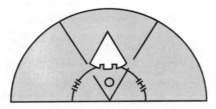

(3)整瓶採半圓柱造型，內部隔為三個60°扇形，分裝入三色洗髮乳。

(4)整瓶長約18公分，寬8公分，半徑4公分，瓶蓋高約2公分。

訂價策略

1.由於蓓蒂絲洗髮乳是市場新商品，為提高市場佔有率以及市場行銷量，採取滲透定價(Penetrating Price)策略。

2.容量：300ml
　定價：125元

3.蓓蒂絲洗髮乳與其他雙效洗髮乳價格之比較：

蓓蒂絲洗髮乳與主要雙效洗髮乳價格表

品名	價格（元）	容量（ml）	備註
蓓蒂絲	125	300	
潘婷	89	200	
	165	400	
麗仕	145	400	
飛柔	79	200	
海倫仙度絲	135	300	去頭皮屑
	179	450	
VO5黑娜	179	450	防靜電

※資料來源：屈臣氏

通路策略

傳統式通路

1.行銷線圖

(1)

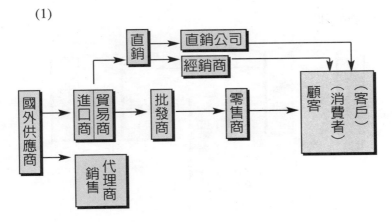

(2)

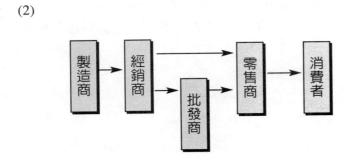

2.銷貨據點（主要）

　(1)大型超市／百貨公司超市

　(2)平價中心／連鎖超商

　(3)軍公教福利中心

實際通路

1.行銷線圖

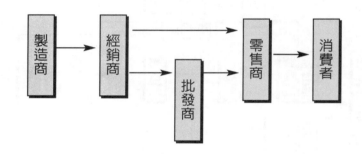

2.鋪貨據點

　(1)以大型超市／百貨公司之超市優先

　　‧現代人生活忙碌，大部分的人利用假日到此大量採購。

　　‧可塑造高品質之形象。

　(2)平價中心／連鎖超商

　　‧普遍林立、方便購買。

　　‧清潔、快速，符合Fashion及高品質的產品形象。

　(3)軍公教福利中心

　　　　‧在此之消費人口廣泛眾多，不可忽視。
　　(4)禮品店
　　　　‧年輕女孩喜歡逛街，她們是禮品店常客，對於新產品
　　　　　會特別注意。
　　(5)美容用品店
　　　　‧提高產品功效之可信度。
　　(6)學校之超市
　　　　‧主要消費者包括學生。
　　(7)本公司化妝品專櫃
★選擇標準
　　(1)交通便利，人潮流量大的地方。
　　(2)辦公大樓林立之處。（商圈）
　　(3)營業額達一定水準之店。
3.鋪貨期間
　　(1)第一階段(五天)1991年11月25日_30日
　　　　‧完成大都會地區40％的鋪貨率
　　　　‧大都會指台北、高雄、台中
　　(2)第二階段(半年)1991年12月1日_1992年5月31日
　　　　‧繼續在全省鋪貨，六個月後完成全省鋪貨率75％
　　(3)第三階段（半年）1992年6月1日_11月30
　　　　‧完成全省鋪貨達100％
　　(4)上市時間
　　　　1991年12月1日配合廣告正式上市。
　　　　正值多天來臨，女性頭髮此時易受寒風侵襲，乾燥、受
　　　　損嚴重，推出潤髮護髮功能之洗髮乳正是時候。

推廣策略

sales人員實戰推銷

1.人員應具備之基本條件：
　三心→耐心、雄心、信心
　二意→對工作產品有愛意，對客戶有誠意。
2.於百貨公司之超市派人員在賣場引導顧客購買

廣告

1.廣告目標
　(1)上市三個月內達到品牌75％知名度。
　(2)上市五個月內達到90%知名度
　(3)使70％的消費者相信本洗髮乳是真正具有護髮及潤髮之
　　功能。
2.廣告預算
　‧費用：1,5000萬元，製作費：200萬
　‧預算表
3.廣告策略
　‧打開知名度──讓消費者知道此一訊息。
　‧讓消費者相信我們產品之功效。
　‧建立「洗後光采煥發、神采飛揚」之感覺。
　‧加深品牌印象──密集廣告。

廣告預算表

單位：千元

月份／媒體	12	1	2	3	4	合計	百分率
NP	981	588.6	817.5	294.3	588.6	3270	21.8%
MG	540	324	450	162	324	1800	12%
TV	2749.5	1649.7	2291.25	824.85	1649.7	9165	61.1%
RADIO	229.5	137.7	191.25	68.85	137.7	765	6.1%
合計	45000	2700	3750	1350	2700		
百分率	30%	18%	25%	9%	18%		

③媒體運用比例圖表

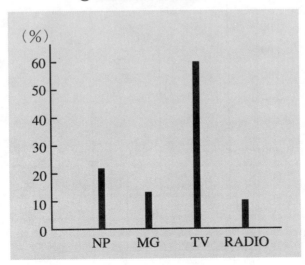

各月份運用媒體比例圖表

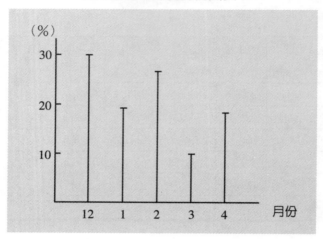

NP比例圖表

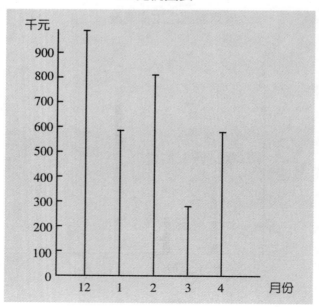

MG比例圖表

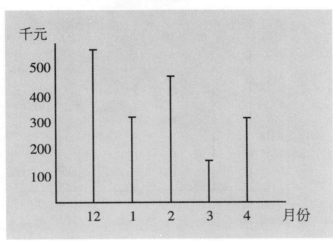

TV比例圖表

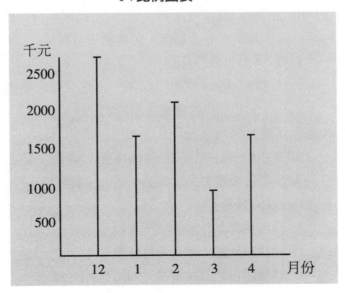

RADIO 比例圖表

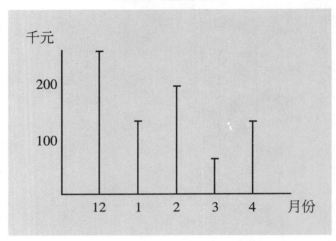

· 促進銷售及指名購買。（廣告效果）

地點：先以北部（大台北地區）、高雄、台中為主，而後
擴大至各大城市，最後通行全國。

時間：12月1日_7月31日

方式：座談會、電視、報紙、雜誌、海報廣告，最重要
的是利用口碑造成無形的聲勢。

4.廣告媒體

(1)以電視CF為主要媒體，MG為輔，NP為次要，因NP之印
刷較無法表現產品之美感。另外還有廣播。

(2)電視CF(20秒)

· 高收視率之外國影集及電視長片。

· 國語單元劇／新聞報導前後。

· 綜藝節目／公共電視，例：女人女人。

　　　　·週六、日廣告加多次數。

(3)MG

　　　　·天下雜誌（封面裡之版面）。

　　　　·時報週刊（內頁：黑白）。

　　　　·儂儂、突破、卓越（內頁彩色）。

(4)NP(半10版面)

　　　　·聯合報

　　　　·中國時報

　　　　·民生報

　　　　※刊登於影劇綜藝版、文學／藝術版、旅遊／娛樂牌。

(5)RADIO(20秒)

　　　　·ＦＭ電台

　　　　·節目：ICRT、中廣音樂網、中廣流行網。

　　　　·時段：晚上10點以後。

5.廣告表現

　　交由奧美廣告公司設計製作。

6.廣告效果

　　於廣告刊播後，不定期以問卷、座談會……方式作廣告效
　　果測定，以隨時修正廣告企劃案。

　　(1)電視廣告一星期測定一次。

　　(2)NP、 MG以二星期測定一次。

　　(3)RADIO以三星期測定一次。

　　(4)每一個月做消費者座談會。

促銷活動

原則：主要和媒體宣傳間隔搭配。

1.第一波促銷活動

活動目的：加強產品初上市之知名度。

活動時間：12月，為期一個月。

活動方式：散發試用品。

活動對象及地點：

對象（1）：上班族女性

地點：中正區、大安區、中山區、信義區等道路如下：南京
　　　東、西路，復興南、北路，敦化南、北路，忠孝東、
　　　西路，民權東、西路，仁愛路，信義路，松江路，四
　　　平街，建國南、北路，民生東、西路。

對象（2）：學生

地　點：各大專院校校內／下課後

活動預算：25萬元。

只進行一個月，以免流於「低品質」、「長期促銷」之形象。

2.第二波促銷活動

活動目的：使產品能在年底節令中，迅速引起消費者注意或
購買慾。

活動時間：12月中～1月，為期一個半月。

活動方式及其合作對象：

方式（1）：贊助因 Christmas所舉辦的舞會／晚會，並可於
　　　　　出入口散發試用品。

對象：前二年曾於年底舉辦類似舞會／晚會的百貨公司。

‧Disco舞廳，如 Kiss、 U—2。

‧廣播節目，如：知音時間。

‧唱片公司，如：滾石，飛碟。

活動預算：視性質大小而定，但最多以10萬元為限。

方式（2）：配合本化妝專櫃禮品促銷／成為禮品組合的項目
之一。

對象：本公司化妝品專櫃設置區。

方式（3）：提供年終／尾牙摸彩。

對象：公司行號。

活動預算：5萬元。

3.第三波促銷活動

活動目的：搭配知名髮廊，加強產品功能性的說服力，強化
本產品在消費者心目中的品牌定位。

活動時間：3月29日～4月8日，為期1天

‧其中包含春假、青年節。

‧時間尚須和髮廊商量配合。

活動方式：到所合作的髮廊燙髮或護髮一次，即可得到本所
產品(300C.C)一瓶。

活動對象：1.髮廊：初步銷定曼都。

原因：因其店一向予人品質佳、信譽好的形
象，也給消費者使頭髮更美的信心。

2.來店消費者。

活動預算：和髮廊相互分攤，目前估算為20萬元。

促銷活動總預算

單位：萬元

第 I 波	25
第 II 波	60
第 III 波	20
Total	105

公關活動

活動一

　　活動目的：1.挑選適合本產品的模特兒（主要為電視CF所用）。

　　　　　　　2.作為本產品上市前的熱身活動。

　　　　　　　3.先讓本產品的品牌在市面上開始流通。

　　　　　　　4.先強本公司CIS的建立。

　　活動名稱：Miss Prettess

　　　　　　　——清秀佳麗　窈窕選拔

　　活動時間：5月份開始報名，預計7月份結束，為期三個月。

　　活動對象：1.女性

　　　　　　　2.20～29歲

　　　　　　　3.未婚

　　　　　　　4.上班班、學生

　　活動內容：流程：報名→初／複選→決選

　　　　　　　重點：以本公司化妝品原有的知名度及形象，來吸引女性上班族和年輕女性的參與。

活動預算：550萬元。

選拔活動預算

單位：萬元

TV	200
MG	100
NP	100
Radio	150
Total	550

活動二

　　活動目的：訴求重點為本產品（Prettess）關心、鍾愛大家的
　　　　　　　頭髮，俾使本產品功能養髮、潤髮能突顯。
　　　　　　　・本活動和ICRT祝君健康專欄搭配。

　　活動名稱：鍾愛一生、伴妳一生
　　　　　　　——髮質測定

　　活動時間：視情況而定。

　　活動地點：大台北地區定點超市／指定化妝品專櫃。

　　活動內容：測定客人髮質特性及健康狀況並給予適當建議，
　　　　　　　但其中特別強調養髮、潤髮的重要，但不直接推
　　　　　　　銷，只發給小包試用和保養手冊（文宣設計2）

　　活動預算：18萬元┌─髮質檢定器25台
　　　　　　　　　　├─人事費用
　　　　　　　　　　└─文宣手冊

活動三

　　活動目的：宣布本產品（Prettess）正式上市，並請Miss
　　　　　　　Prettess正式亮相。

　　活動名稱：Prettess
　　　　　　　──鍾愛一生　產品發表會

　　活動時間：12月1日

　　活動對象：1.各媒體記者（如TV、MG、NP、Radio）
　　　　　　　2.相關行業工作者。
　　　　　　　　（如：髮廊、美容院，但僅限設有分店者）
　　　　　　　3.超市經營者
　　　　　　　4.同業公會同仁

　　活動預算：2萬元

公關活動總預算

單位：萬元

選拔賽	550
髮質測定	18
新品發表會	2
雜支	10
Total	580

文宣設計

設計一：店頭陳列物

　　擺置方式：開架式的陳列，如圖示：

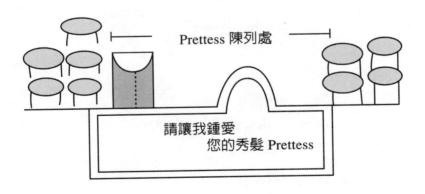

ㄥ：小冊子(Booklet)

ㄅ：1.長10cm，寬7cm之封底、封面

　　2.展開式

ㄈ：養髮、潤髮基本知識，但融入本產品的產品功能。

硬面　　　　　　　　　　　　　　　　硬底

設計三

　　形式：新聞稿、採訪報導。

　　內容：配合Miss Prettess 選拔之活動消息。

設計四

　　形式：廣播節目專欄報導．

　　對象：初步鎖定ICRT祝君健康(To Your Health)專欄。

　　內容：製作一篇有關頭髮保健的專題。

　　◎註明由本公司提供製作。

行銷執行表

時間	進行事項	效果／目的
5月 6月 7月	Miss Prettess 選拔	◎挑選Model ◎產品上市前的熱身
8月 9月 10月	(1)籌備並攝製CF、Radio 　　廣告 (2)設計MG、NP創意	◎準備／起跑階段
11月	全省鋪貨	
12月 1月	(1)試用品散發 (2)贊助活動	◎打響知名度，迅速引起 　消費者的注意
2月	髮質測定活動	◎加深產品在愛髮／護髮 　者心中之地位
3月 4月	搭配髮廊促銷	

◎預計於上市半年內，達到市場佔有率10%

附錄——問卷調查

洗髮用品使用習慣問卷調查表

您好，我是行政院青輔會企管班的訪員，現正在作一項有關洗髮用品的市場研究，想請教您有關洗髮精的使用情形，耽誤您幾分鐘的時間請教您一些問題，謝謝！

【（SA）代表單選，（MA）代表複選】

Q1.市場上有許多種洗髮精的品牌，請就您知道或記得的寫出來。

（OA）_____

Q2. A.請問目前您府上有沒有洗髮精？（SA）

　　□1.有　□2.沒有（跳問Q8）

B.請問有哪些品牌？（MA）

_____

C.您目前使用哪些品牌的洗髮精？（MA）

_____

D.您目前最常使用哪一種品牌的洗髮精？（SA）

_____

Q3.請問Q2D品牌是您個人專用，還是與家人共用？（SA）

　　□1.個人專用　□2.與家人共用

Q4.請問您使用Q2D品牌後，您覺得它有什麼優點及缺點？(OA)

　　優點：_____

　　缺點：_____

Q5. A.請您使用的Q2D品牌，是誰決定購買的？(SA)

　　□1.自己

□2.父母

□3.兄弟姐妹

□4.子女　　　　　　　　　　（跳問Q6A□□）

□5.先生／太太

□6.其他

B.您決定購買Q2D這個品牌的考慮因素有哪些？(MA)

C.您決定購買的最重要的因素是什麼？(SA)

【請在下欄的方格內「○」出5B及5C的考慮因素】

購買的考慮因素	5B.(MA)	5C.(SA)
1.有特殊功用	*1	1
2.品質好	*2	2
3.適合自己的髮質	*3	3
4.習慣	4	4
5.看起來高級	5	5
6.親朋好友介紹	6	6
7.美容院介紹	7	7
8.品牌有信用	8	8
9.受廣告影響	9	9
10.液體顏色好看	10	10
11.瓶形設計美觀	11	11
12.商品外觀吸引人	12	12
13.好奇心試試看	13	13

購買的考慮因素	5B.(MA)	5C.(SA)
14.有贈品「打折」抽獎	14	14
15.價錢合理	15	15
16.香味好	16	16
17.商品陳列吸引人	17	17
18.其他……	18	18

（有回答*者，續問 Q5D，否則跳問 Q6A）

D.您提到您選購 Q2D品牌洗髮精是基於「有特殊功用」或「品質好」或「適合自己髮質」的考慮因素，請您再將具體的感覺告訴我，您重視下列哪些因素？（MA）

☐1.配方溫和　　　　　☐2.可去頭皮屑

☐3.洗後清爽　　　　　☐4.可滋潤頭髮，使頭髮柔軟有性
　　　　　　　　　　　　　別的區分

☐5.防止頭髮分又斷裂　☐6.洗後好梳理

☐7.洗髮潤髮雙效合一　☐8.洗淨效果佳

☐9.好沖洗　　　　　　☐10.合特殊配方

☐11.其他

Q6. A.請問您目前使用的 Q2D品牌，是誰去購買的？（SA）

☐1.自己

☐2.父母

☐3.兄弟姐妹

☐4.子女　　　　　　　　　　（跳問Q7A）

☐5.先生／太太

☐6.其他 _____

B.請問您在什麼地方購這瓶洗髮精？（SA）

　　□1.平價中心／連銷超級商店

　　□2.百化公司超級市場／大型超級市場

　　□3.軍公教福利中心

　　□4.連鎖 24小時便利商店（如 7—11）

　　□5.雜貨店　　　　　　□6.美容器材行

　　□7.美容院　　　　　　□8.百貨店

　　□9.西藥房　　　　　　□10.其他_____

Q7. A.請問您在使用 2D品牌洗髮劑之前，您使用的是哪一種品牌的洗髮劑？（SA）

　　_____

B.請問下列哪幾種品牌的洗髮精是您下次會考慮購買的？

　　□1.花王洗髮精　　　　　□2. 333同步洗沈髮乳

　　□3.脫普洗髮精　　　　　□4.花王美力洗髮乳

　　□6.耐斯 566洗髮精　　　□6.脫普花香 5洗髮乳

　　□7.花王飄雅洗髮精　　　□8.耐斯 566E洗髮乳

　　□9.麗仕洗髮乳　　　　　□10.花王飛雅洗髮精

　　□11.耐斯荷荷葩洗髮乳　　□12.蒂牧蝶洗髮精

　　□13.花王伊佳伊洗髮精　　□14.耐斯 2P洗髮乳

　　□15.白蘭天美洗髮精　　　□16.花王美力洗髮乳

　　□17.耐斯舒妃洗髮乳　　　□18.海倫仙杜絲洗髮乳

　　□19.美克能洗髮精　　　　□20.飛柔矽靈洗髮乳

　　□21.露華濃系列洗髮精　　□22.美克能荷荷葩洗髮精

　　□23.蓓爾麗洗髮乳　　　　□34.舒妃洗髮精

　　□26.美克能眞珠洗髮乳　　□26.夢17洗髮精

　　□27.威娜系列洗髮精　　　□28.金美克能絲比洗髮液

☐28.嬌生嬰兒洗髮精　　☐30.海飛絲系列洗髮乳

☐31.艾儂洗髮精　　　　☐32.艾芬迪洗髮乳

☐33.普如蘭洗髮精　　　☐34.美答您洗髮乳

☐35.康妳絲營養洗髮精　☐36.（花姿）洗髮精

☐37.蕾雅三階段洗髮乳　☐38.雅露洗髮乳

☐39.潤波洗髮乳　　　　☐40.潘婷沈髮乳

☐41.其他

C.如果只要您選擇一種品牌時，您會選擇哪一種品牌？（SA）

Q8.請問您最近半年內曾經用過下列哪些牌子的洗髮精？（MA）

☐1.花王洗髮精　　　　　☐2. 333同步洗髮乳

☐3.脫普洗髮精　　　　　☐4.花王美力洗髮乳

☐5.耐斯 566洗髮精　　　☐6.脫普花香 5洗髮乳

☐7.花王飄雅洗髮精　　　☐8.耐斯 566E洗髮乳

☐9.露仕洗髮乳　　　　　☐10.花王飛雅洗髮精

☐11.耐斯荷荷葩洗髮乳　　☐12.蒂牧蝶洗髮精

☐13.花王伊佳伊洗髮精　　☐14.耐斯 ZP洗髮乳

☐15.白蘭天美洗髮精　　　☐16.花王美力洗髮乳

☐17.耐斯舒妃洗髮乳　　　☐18.海倫仙杜絲洗髮乳

☐19.美克能洗髮精　　　　☐20.飛柔矽靈洗髮乳

☐21.露華濃系列洗髮精　　☐22.美克能荷荷葩洗髮精

☐23.蓓爾麗洗髮乳　　　　☐24.舒妃洗髮精

☐25.美克能眞珠洗髮乳　　☐26.夢17洗髮精

☐26.威娜系列洗髮精　　　☐28.金美克能絲比洗髮液

☐29.嬌生嬰兒洗髮精　　　☐30.海飛絲系列洗髮乳

☐31.艾儂洗髮精　　　　　☐32.艾芬迪洗髮乳

□33.普如蘭洗髮精　　　　□34.美答您洗髮乳

□35.康妳絲營養洗髮精　　□36.（花姿）洗髮精

□37.蕾雅三階段洗髮乳　　□38.雅露洗髮乳

□39.潤波洗髮乳　　　　　□40.潘婷洗髮乳

□41.其他

Q9. A.請問您省沒有用過洗髮潤髮雙效合一的洗髮乳？（SA）

　　　□1.有　　　　　　　　□2.沒有（跳問 Q9C）

B.請問您使用過哪些洗髮潤髮雙效合一的洗髮乳？（SA）

　　　□1.購買商品　　□2.使用樣品　　□3.二者皆有

C.請問您認為洗髮潤髮雙效合一的洗髮乳效果如何？（SA）

　　　□1.很好　　　　□2.稍好　　　　□3.普通

　　　□4.稍不好　　　□5.很不好　　　□6.不知道

D.洗髮潤髮雙效合一洗髮乳是否能吸引您去購買？（SA）

　　　□1.一定會

　　　□2.可能會

　　　□3.不一定

　　　□4.可能不會

　　　□5.一定不會

Q10. A.現在市面上有三效／四效合一的洗髮乳，請問您是否會去

　　　購買？（SA）

　　　□1.一定會買

　　　□2.可能會買

　　　□3.不一定　　────┐

　　　□4.可能不會買　──┼──────（跳問Q11）

　　　□5.一定不會買　──┘

　　　為什麼

Q11.請問目前您洗髮精與潤髮精是否配對使用？（SA）

　　□1.有　　　　　　　□2.沒有

Q12.請問您下次會不會再考慮使用潤髮精？（SA）

　　□1.一定會用　　　□2.可能會用　　　　□3.不一定

　　□4.可能不會用　　□5.一定不會用

　　為什麼＿＿＿＿＿＿＿＿＿＿＿＿＿＿＿＿＿＿＿＿＿

Q13. A.請問您通常在哪裡洗頭？（SA）

　　　　□1.大部分在家裡自己洗（跳問 Q14）

　　　　□2.大部分在美容院洗

　　　B.請問您為什麼不自己洗髮而在美容院洗呢？

　　　理由：＿＿＿＿＿＿＿＿＿＿＿＿＿＿＿＿＿＿＿

Q14.請問一些有關於您頭髮的問題：

　　（1）您的頭髮是：（SA）

　　　　□1.長髮（以過肩為準）　　□2.普通（以到肩為準）

　　　　□3.短髮

　　（2）您頭髮的量是：（SA）

　　　　□1.多　　　　　□2.普通　　　　□3.少

　　（3）您頭髮是：（SA）

　　　　□1.粗　　　　　□2.普通　　　　□3.細

　　（4）您的頭髮是：（SA）

　　　　□1.硬髮　　　　□2.普通　　　　□3.軟髮

　　（5）您的頭髮是：（SA）

　　　　□1.油性　　　　□2.中性　　　　□3.乾性

　　（6）您的頭髮是：（SA）

　　　　□1.有彈性　　　□2.普通　　　　□3.沒彈性

　　（7）您有哪些頭髮上的煩惱？

　　□1.頭髮分叉　　□2.頭皮屑多　　□3.髮型不持久

　　□4.頭髮乾燥　　□5.頭皮屑　　　□6.無光澤

　　□7.頭髮易脫落　□8.頭髮油

（8）請問您目前頭髮是否有受損

　　□1.一點點

　　□2.輕微

　　□3.很嚴重

（9）您認為引起您頭髮受損的原因有哪些？（MA）

　　□1.燙髮引起　　　　　□2.常使用吹風機

　　□3.染髮引起　　　　　□4.使用不當的整髮用品

　　□5.風吹、日曬、雨淋　□6.用冷水洗頭

　　□7.其他

（10）請問您用什麼方法來補救髮質受損的情形？

　　（MA）

　　□1.每次洗髮後都用潤髮乳　□2.愼重選用洗髮精

　　□3.到美容院保養護髮　　　□4.買護髮用品自己在家

　　　　　　　　　　　　　　　　護髮

　　□5.自己作護髮品在家保養　□6.把受損部分剪掉

　　□7.其他　　　　　　　　　□8.沒有辦法，不管它

（11）請問您多久洗一次頭髮？（SA）

　　□1.每天洗一次　□2.二天洗一次　□3.三天洗一次

　　□4.四天洗一次　□5.五天洗一天　□6.六天以上

基本資料

P1.受訪者年齡：

☐1. 15～19歲　　☐2. 20～24歲　　☐3. 25～29歲

☐4. 30～34歲　　☐5. 35～39歲　　☐6. 40～49歲

P2.性別：

☐1.男　　　　　☐2.女

P3.受訪者職業：

☐1.家管　　　　☐2.民營機構職員　☐3.軍公教人員

☐4.作業員　　　☐5.學生　　　　　☐6.其他

P4.婚姻狀況：

☐1.已婚　　　　☐2.未婚

P5.教育程度：

☐1.小學及以下　☐2.國中／初中

☐3.高中／高職　☐4.大專及以上

P6.家庭一個月總收入：

☐1. 10,000元以下　　　☐2. 10,001～30,000元

☐3. 30,001～50,000元　☐4. 50,001～100,000元

☐5. 100,001～150,000元　☐6. 150,001元以上

（下面再請教您一些有關媒體的問題）

Q1.請問目前府上訂閱什麼報紙？（MA）

Q2.請問您通常都看哪些報紙？（MA）

☐1.聯合報　　　☐2.中國時報　　　☐3.中央日報

☐4.經濟日報　　☐5.民生報　　　　☐6.中華日報

☐7.青年日報　　☐8.新生報　　　　☐9.國語日報

☐10.民眾日報　　☐11.大眾日報　　　☐13.台灣日報

☐13.台灣新聞報　☐14.台灣時報　　　☐15.自由時報

☐16.產經新聞報　　☐17.中時晚報　　☐18.聯合晚報

☐19.財星日報　　☐20.產經日報　　☐21.大華晚報

☐22.自立晚報　　☐23.工商時報　　☐24.大成報

☐25.CHINA POST　☐26. CHINA, NEWS　☐37.都沒有

☐38.其他（請說明）_____

Q3.您看報紙時，大多看哪一類的新聞？（MA）

☐1.國內要聞　　　☐11.電視節目表

☐2.國際新聞　　　☐12.求職欄及分類新聞

☐3.經濟貿易　　　☐13.連載小說

☐4.公司行號狀況　☐14.漫畫

☐5.社論　　　　　☐15.圍棋／象棋等棋藝

☐6.文學／藝術　　☐16.病理／醫療

☐7.科學／技術　　☐17.旅遊／娛樂

☐8.地區新聞　　　☐18.廣告

☐9.綜合社會新聞　☐19.影劇綜藝

☐10.運動方面　　　☐20.其他（請註明）

Q4.請問目前府上訂閱什麼雜誌？（MA）

Q5.請問您最近一個月內看過什麼雜誌？（MA）

女性類：

☐1.家庭月刊　☐2.婦女雜誌　　☐3.女性

☐4.家庭與婦女　☐5.吾愛吾家　☐6.儂儂

☐7.薇薇　　　☐8.仕　　　　　☐9.黛

☐10.第一家庭　☐11.清秀　　　☐12.芙蓉坊

☐13.漾　　　　☐14.媚　　　　☐15.韻

☐16.ELLE　　　☐17.姊妹　　　☐18.新姿少女

☐19.新女性　　☐20.姿妾　　　☐21.摩登少女

□22.新姊妹　　　□23.嬰兒與母親　　□24.媽媽寶寶

週刊類：

□25.美華報導　　□26.時報週刊　　　□27.翡翠雜誌

□28.獨家報導　　□29.第一手報導　　□30.真相

　休閒類：

□31.日本文摘　　□32.紳　　　　　　□33.風尚

□34.野外　　　　□35.休閒　　　　　□36.周末週刊

□37.旅遊觀光　　□38.美化家庭　　　□39.電視週刊

□40.華視週刊　　□41.明星　　　　　□43.你我他

□43.電影世界　　□44.學生知音　　　□45.余光音樂雜誌

□44.歡樂無線

比較文學類：

□47.讀者文摘　　□48.聯合文學　　　□49.光華

□50.皇冠　　　　□51.創作　　　　　□52.世界地理

□53.大地地理　　□54.大世界　　　　□55.聯合月刊

□56.台北人　　　□57.張老師月刊　　□58.明星

□59.講義　　　　□60.歷史

健康類：

□61.常春月刊　　□62.健康世界　　　□63.消費者報導

語文類：

□64.今日美語　　□65.大家說英語　　□66.空中英語教室

□67.美語雜誌　　□68.實用美語文摘　□69.常春藤月刊

財經類：

□70.突破　　　　□71.天下　　　　　□72.統領

□73.卓越　　　　□74.財訊　　　　　□75.錢

□76.生產　　　　□77.管理　　　　　□78.實業家

□79.商業週刊　　□80.經濟週刊　　□81.四季

新聞類：

□82.工商人　　　□83.新新聞　　　□84.美國新聞與世

界報導

□85.其他（請註明）＿＿＿＿＿＿　□86.都沒有看

Q6.請問您較喜歡看哪些類型的電視節目？(MA)最多選5個

□1.綜藝節目　　　□2.國語連續劇　□3.台語連續劇

□4.國語單元劇　　□5.台語單元劇　□6.才藝競賽

□7.新聞報導　　　□8.新聞評論　　□9.主婦時間

□10.社教節目　　　□11.外國影集　　□12.本國電視長片

□13.外國電視長片　□14.卡通　　　　□15.兒童節目

□16.歌仔戲　　　　□17.國劇　　　　□18.公共電視節目

□19.頒獎、體育、選美等特別節目

□20.其他（請講明）

□21.都不喜歡看（跳問8A）

Q7A.請問您過一到週五較常在哪一個時段看電視？（MA）

□1.晨間節目　　　　□2.中午12點～1點

□3.下午1點～5點　　□4.下午 5點～6點半

□5.下午 6點半～7點　□6.映上 7點～7點半

□7.晚上 7點半～8點　□8.晚上 8點～9點

□9.晚上 9點～9點半　□10.晚上 9點半～11點

□11.晚上11點以後　　□12.不固定或很少看

B.請問您週六和週日較常在哪一個時段看電視？（MA）

□1.晨間節目　　　　□2.上午 9點～12點

□3.午間12點～1點　　□4.下午1點～3點

□5.下午 3點～5點　　□6.下午 5點～6點

□7.晚上 6點～7點　　□8.晚上 7點～7點半

□9.晚上 7點半～8點　　□10.晚上 8點～1O點

□11.晚上10點～11點　□13.晚上11點以後

□13.不固定或很少看

Q8A.請問您收聽收音機的習慣是？（SA）

　　□1.只聽 FM節目

　　□2.只聽 AM節目

　　□3.兩者都聽，但 FM較多

　　□4.兩者都聽，但 AM較多

　　□5.都不聽（跳問 Q11）

　B.請問您較喜歡收聽 FM哪些廣播電台之節目？（MA）

　　□1. ICRT　　　　　　□2.中廣（中國廣播公司）

　　□3.中廣音樂網　　　　□4.警察廣播電台

　　□5.復興廣播電台　　　□6.軍中廣播電台

Q9.請問您較喜歡收聽哪些類型的廣播節目？（MA）

　　□1.新聞報導　　　　　□2.廣播劇

　　□3.輕音樂　　　　　　□4.地方戲劇（國劇、歌仔戲）

　　□5.國語流行書樂介紹　□6.西洋流行音樂介紹

　　□7.兒童節目　　　　　□8.空中教學

　　□9.運動報導　　　　　□10.說書講古

　　□11.古典吾樂　　　　　□12.相聲

　　□13.其他（請註明）_____

Q10.請問您大多喜歡在什麼時段聽收音機的節目呢？（MA）

　　□1.早上 7點以前　　　□2.早上 7點_8點

　　□3.早上 8點_10點　　□4.早上1O點_12點

　　□5.中午12點_2點　　　□6.下午 2點_6點

□7.映上 6點_8點　　□8.晚上 8點_10點

□9.晚上IO點以後　　□10.不固定或很少聽

Q11.請問您會留意以下哪些戶外廣告內容？（MA）

□1.車廂內廣告　　□2.車廂外廣告

□3.看板　　　　　□4.電視牆

□5.霓虹燈塔　　　□6.汽球

□7.很少留意

□8.其他（請註明）＿＿＿＿＿＿＿＿＿＿＿＿＿＿＿＿＿

個案一

自黏性包裝材料企業策略規劃個案

一、前言

二、本案企劃精神

三、本案整體企劃概念

四、企業文化與經營理念

　　1.「人性管理」的企業文化

　　2.「永續經營」的經營理念

五、企業組織管理

六、商品定位

七、市場定位

八、經銷商建立與輔導

九、行銷策略

　　1.全面大作戰

　　2.全心全力作戰

　　3.最後修飾作戰

　　4.提高產品使用量

　　5.吸引非使用者的嘗試

　　6.廣告媒體戰略

十、問題點與機會點

十一、經營分析

十二、投資報酬率分析（成本－效益分析）

十三、企劃案執行時間與修訂日期

前言

　　這是一個組合「策略」、「行銷」、「企劃」的多元化時代，企業經營的成敗，深受很多因素影響，但其中以「產品策略」與「市場策略」為兩大最具決定性的影響因素！

　　因此，為了達成企業經營的績效，不斷提昇企業經營的戰力，並塑造成「不敗的企業」，投資事業必須以能配合市場顧客需求，滿足顧客希望及競爭優勢為先決條件，並強化行銷戰力。 S.P促銷戰力、廣告戰力與經銷網，方能決勝千里！

　　近年來，全球企業經營環境變動急速，最主要的變化，在於行銷道路與包裝材料的革新。因此基於對全球市場（包括台灣、中國大陸整個市場）的深入了解與測試——富詣達國際有限公司不惜斥資引進日本高立 CRO-NEL自黏性包裝紙，與 XPANDEN PAK新奇充氣郵包袋，在產品定位的優勢及成功的市場行銷策略的運作中，訂單絡繹不絕，業績蒸蒸日上，成了國內包裝材料革命性的佼佼者。

　　包裝革命帶給人類生活型態的急速轉變，從以往的免洗餐具、紙巾、牛皮紙袋、泡綿紙帶、P.P.紙帶，到現今的高立自黏性包裝紙及新奇充氣郵包袋，每次包裝材料的革新，都將帶動人類生活的突破。正因如此，包裝應用於人類生活中，除了保護商品的功能外，更可以提高商品的附加價值與促銷功能，並提供使用者一股強烈的信賴與保證，進而更成為企業界商品行銷的最佳推廣武器，亦為企業行銷是否成功最重要的一環！

本案企劃精神

近幾年來,國內包裝材料已面臨環保署制訂發泡保麗龍禁令,及國際市場對CFC(氟氯碳化物)管制措施兩大挑戰,業者紛紛尋求包裝材料的革新。

富詣達國際有限公司所代理的「自黏性包裝紙及新奇充氣郵包袋」,適時地為國內環保及市場打開了生路及新契機!

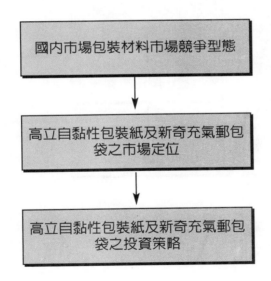

國內市場包裝材料市場競爭型態

高立自黏性包裝紙及新奇充氣郵包袋之市場定位

高立自黏性包裝紙及新奇充氣郵包袋之投資策略

本案整體企劃概念

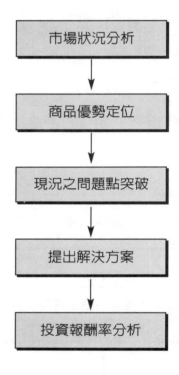

企業文化與經營理念

「人性管理」的企業文化

1.尊重員工

2.尊重專業人才

3.尊重顧客反應意見

4.愛心與鼓勵

5.生活與自信

「永續經營」的經營理念

1.顧客滿意

2.股東樂意

3.利潤順意

4.管理合意

5.經營得意

企業組織管理

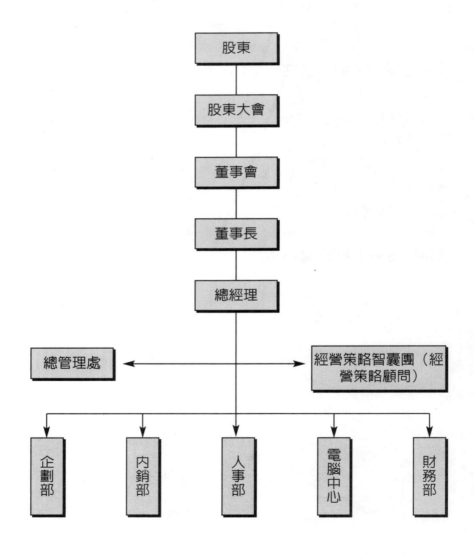

商品定位

　　高立自黏性包裝紙，除可做為產品的保護膜及內部包裝，分隔產品之用外，亦可在產品表面加印公司名稱及商標，以作促銷用途及廣告功能，成為特定公司專用之包裝紙。同時，新奇充氣郵包袋亦可配合客戶特殊需要之規格與印刷，將商品重新定位於「個性、方便、品味、安全」等綜合訴求。既可符合產品原來特性，且能完全防水、隔熱，對機密文件，尤其是電子零件及電腦軟體，亦可做到高度保密，使用時一貼即可，不須任何膠水、膠帶、釘書機、P.P.帶等輔助工具，且不會黏著在包裝產品上，故其商品定位應為：

　　「方便、安全、防水、品味、個性」之綜合訴求！

市場定位

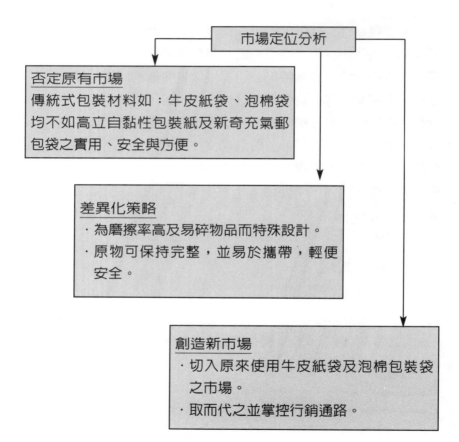

市場定位分析

否定原有市場
傳統式包裝材料如：牛皮紙袋、泡棉袋
均不如高立自黏性包裝紙及新奇充氣郵
包袋之實用、安全與方便。

差異化策略
・為磨擦率高及易碎物品而特殊設計。
・原物可保持完整，並易於攜帶，輕便
  安全。

創造新市場
・切入原來使用牛皮紙袋及泡棉包裝袋
  之市場。
・取而代之並掌控行銷通路。

　　以市場利基者之姿態切入目標市場，並領導市場。六個月
後，即可完全掌控市場態勢，以市場之領導者自居！

經銷商建立與輔導

　　1.預計第一階段在三個月內建立全省經銷商。首先建立北、中、南，即台北、台中、高雄經銷網作為大盤商，並以點連成線、面之之經銷網，包含台北市、台中市、高雄市，再區分縣及地域性小盤商及零售據點（小賣鋪貨點），行銷通路為零售系統之7-ELEVEN統一超商、屈臣氏、書局、郵局、文具店、包裝公司、快遞公司、貨運公司站等。

　　2.每個月召開經銷商會議（到台北總公司開會），並商討廣告S.P.促銷活動等事宜，建立經銷制度與進出貨系統，及舉辦各地經銷商Sales之教育訓練。

行銷策略

　　由於高立自黏性包裝紙及新奇氣郵包袋，均屬革命性的新產品，因此，切入台灣市場應採用——「產生新行銷品的積極市場作戰法」，茲分述如下：

全面大作戰

　　此項全面大作戰的最高指導原則，必須將產品（商品）定位的全面系統作整體企劃，方能整體運作成功，亦即——重新定位商品新形象。

全心全力作戰

集中行銷戰力，全力攻擊目標市場：例如：統一超商連鎖店、書局、文具店、郵局、各公司行號，尤其是工廠及貿易商、公家單位等。

最後修飾作戰

將高立自黏性包裝紙及新奇充氣郵包袋，賦予高附加價值之促銷用語及廣告詞，並可應客戶之需求，以特殊個案訂製產品。

提高產品使用量

1.提高顧客每次的採購量。
2.降價以刺激使用量（不能超過一定限期，如10天）

吸引非使用者的嘗試

1.採取試用樣品或價格誘導（打折）。
2.舉辦新產品發表會及記者招待會。

6.廣告媒體戰略

1.民生報
2.工商時報

3.經濟日報

4.車廂外廣告

問題點與機會點

戰略分析S.W.O.T

S.W.O.T 戰略分析	Strength 優勢	Weakness 劣勢	Oppertunity 機	Treat 威脅
企業 分析				
競爭者 分析				
產業 分析				
顧客 分析				
環境 分析				

·問題點──公司為擴大市場推廣活動,人力及資金較不充
  裕。

·機會點──開放有志人士投資,可擴大人力、財力、及經
  銷網。

經營分析

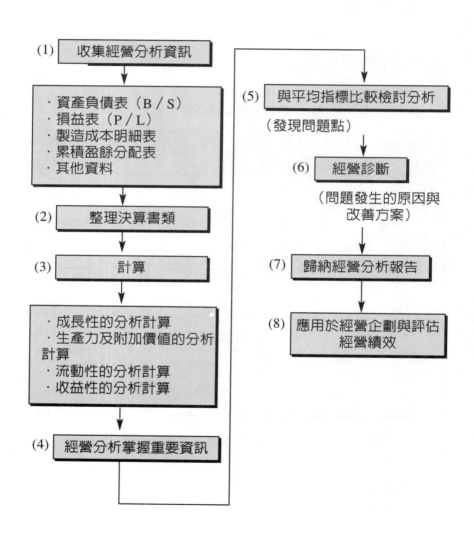

(1) 收集經營分析資訊

· 資產負債表（B／S）
· 損益表（P／L）
· 製造成本明細表
· 累積盈餘分配表
· 其他資料

(2) 整理決算書類

(3) 計算

· 成長性的分析計算
· 生產力及附加價值的分析計算
· 流動性的分析計算
· 收益性的分析計算

(4) 經營分析掌握重要資訊

(5) 與平均指標比較檢討分析

（發現問題點）

(6) 經營診斷

（問題發生的原因與改善方案）

(7) 歸納經營分析報告

(8) 應用於經營企劃與評估經營績效

經營分析之實戰內容

收益性分析	1. 獲利能力	· 獲利是否和投資的資本成正比 · 銷貨額如何 · 銷貨效率如何 · 經費使用如何 · 資本是否已做最有效的利用
安全性分析	2. 有否支付能力	· 資產的內容如何 · 負債、資本的內容如何 · 資產與負債內容是否可以均衡配合 · 資本的週轉與資金的調度狀況如何 · 資金的運用狀況如何
成長性分析	3. 企業的發展性如何	· 業績是否有顯著的成長 · 銷貨額成長性如何 · 市場的將來性與利益如何
生產力及附加價值分析	4. 生產效率如何	· 附加價值的情況如何 · 勞動分配率的狀況如何 · 每個人平均生產量如何 · 設備與投資的關係是否清楚

投資報酬率分析（成本－效益分析）

本公司為了擴大國內市場佔有率，有意尋找志同道合的事業夥伴，共同斥資合作經營，全部股份為新台幣6,000萬元，願意出讓50%股權，即新台幣3,000萬元開放有志人士投資，共創未來遠景。

茲將投資報酬率分析如下：（損益兩平衡點分析）

股東權益：股東權益的構成比率很高，約計50%。

本企業可說是安全性很高的公司。

〈資料分析〉

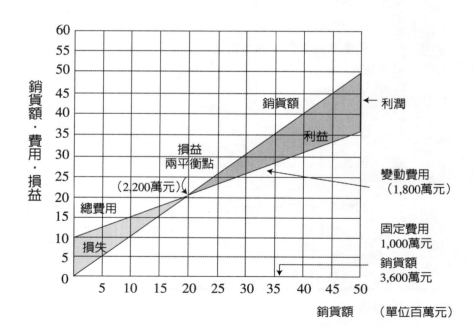

固定費用1,000萬元

變動費用1,800萬元

銷貨額3,600萬元

損益兩平衡點為2,200萬元正

△投資報酬率為160%

	銷貨額	費用總額	利潤 （每月利潤）
固定月份		固定費用 1,000萬元	
固定月份		變動費用 1,800萬元	
每月總計	3,600萬元	（每月2800萬元）	3,600-2,800 =800萬元

　　每月利潤800萬元，以1/2股份來計算，可分紅利400萬元，一年內即可收入4,800萬元（亦即400x12月），約7.5個月（7個半月）即可回收投資金額3,000萬元（撈回本錢）。

企劃案執行時間與修訂日期

　　本企劃案執行時間為81年11月8日～81年底（12月31日），屆時將綜合討論意見後，再次修訂，並必須配合執行當時所遭遇之狀況及問題解決之後，再推動之。

　　公司，由於這是完全揚棄其原本的業務，這個大轉型即是屬於策略性的。而以不動產業務為主的寇德威爾(Coldwell Banker)及

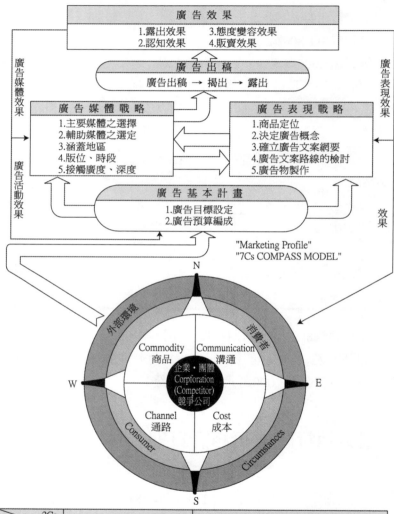

2Cs COMPASS	Consumer（消費者）	Circumstances（外部環境）
N	Needs（必要性）	National and International（國內政治的、法律的環境及國際環境）
W	Wants（欲求）	Weather（氣象、自然環境）
S	Security（安全性）	Social and Cultural（社會、福祉及文化的環境）
E	Education（消費者教育）	Economic（經濟環境）

證券業者丁威特(Dean Witter)的合併行動，則是屬於營運規劃。

何謂策略規劃？

策略規劃是實行策略思考、方向及行動的架構，目的在於達成一致並在計畫之中的結果，計畫的架構包含下列七大要素：

- 組織宗旨
- 策略分析
- 策略
- 長期目標
- 整合計畫
- 財務計畫
- 執行摘要

這七項要素雖自獨立，但彼此緊密相關。七項要素整合後，會成為重要的管理工具，可以用來決定組織的文化及經營理念。其功能有如提示實現理念的方向，提示抵達表期目標的路線圖。

策略規也可定義為經理人持續參與策略計畫的過程。這個過程的獨特之在於它強調集體作業。由於參與策略規劃者通常擁有經營權，因此這種強調團隊規劃的過程，將可建立整個組織對策略計畫的了解及支持，並確保策略計畫的施行。

何謂整合規劃過程？

由派屈克‧畢羅發明的整合規劃過程（Integrated Planning Process），是一個描述組織規劃與控制系統的整體架構。整合、規劃、過程這三個詞在設計及實行規劃功能時，各有其重要的特定意義。接下來我們將先逐一探究每個字眼的意義，然後在探討整

體策略規劃過程時，再整合起來討論。

整合（Integrated）意指在規劃過程中所有要素環環相扣，無一可以與其他脫離關係。在進行規劃前，應先明確釐清各項要素，並決定如何將其整合在一起。一般的組織在進行策略規劃時，通常會落入兩種極端的窠臼，一種是直線型的計畫方式，亦即完全根據組織過去的做法去規劃未來；另外一種是朝著與現行短期毫不相干的理想目標進行規劃。此外，大多數的組織，通常也沒有任何機制確保計畫可以落實，但只要是一個真正成功的組織，就一定會確保策略規劃過程能夠垂直且水平地整合所有要素，同時，該組織所有的成員，也都會了解組織的走向及達成目標的方法。

所謂規劃（Planning）是指將決定組織目標、方向與實行方法的所有工作，妥善結合起來。說得更明確些，規劃是手段而非目的，規劃本身並無獨立價值，其目的絕非創造計畫，而是要利用規劃以便在一致的基礎上產生最佳結果；再者，規劃是一種必須永續進行的行動，不是偶發事件；最後，執行者與團隊必須視規劃為絕對優先，要以它為主要決策及行動的指導方針。

過程（Process）意味在策略規劃時必須應用的特定技巧，有可傳達的完整知識，也有可依序執行的行動或事件。過程與順序（procedure）不同，順序只須照既定對號入座即可。組織在追求目標所付出的努力過程中，雖涉及順序問題，但順序並不足以涵蓋規劃過程。規劃過程講究靈活彈性，還須配合卓越的管理判斷。在追求目標的達成時，管理者常會碰到有些過程不足以實現組織目標的情況，這時，捨棄這些過程是十分合理且必要的。

本書所要強調的「過程」，不可能缺乏人的要素，規劃過程需要人員的配合與加入。我們必須要問，組織全員是否完全了解並

投入規劃？過程中是否鼓勵不同觀點互相討論？過程中能否激發經營者的參與？會受到影響的員工，是否會認為規劃過程跟他們每天的工作及未來計畫有關？

　　圖1.1描述整合規劃過程，它包涵三大要素：策略規劃、營運規劃及成效管理。這三大要素用整合及溝通的概念貫串起來，並明確顯示規劃是一個由人參與、不斷進行的過程。

　　這三大要素各有不同目的。策略規劃專注於企業的本質（宗旨）及方向（策略）；營運規劃的目的則在於落實策略規劃與創造短期果成效管理關注的乃是計畫（包括策略計畫、營運計畫）與績效表現間的比較，以確保結果的達成。由此得知，雖然三項要素各有不同目的，但彼此間卻緊密整合。

　　圖1.2列出組成整合規劃過程的三大要素。本圖表的目的是希望讓企業的ＣＥＯ或是負責策略規劃的團隊，充分明瞭整體策略規劃過程。圖表的架構可以當成絕佳的溝通工具，更可讓組織在發展規劃過程中，充分了解其含意。

　　策略規劃是組織進行過程的起點。而策略規劃在本質上，是概括性的與觀念性的。它必須涵蓋組織未來發展的重要議題——

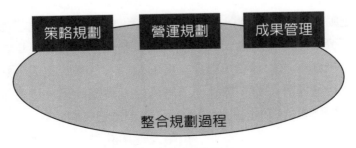

圖1.1　整合規劃過程

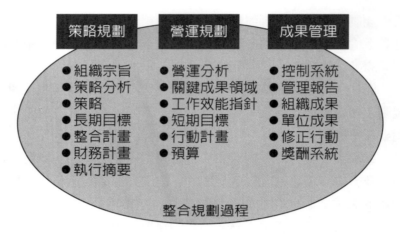

圖1.2　整合規劃過程的要素

策略、長期目標，以及實踐長期目標的整知計畫，因此策略規劃
也必須詳細討論這些議題。舉例來說，一家頗負盛名的中型服飾
製造商，數年前做出策略性的決定，除了繼續生產自有品牌產品
以外，也要替席爾斯（Sears）、潘尼（J.C.Penney）及（Macy's）
梅西百貨等公司代工，生產以百貨公司為品牌的服飾。這樣的策
略規劃使得該企業必須考量產能要能大幅提升、行銷及銷售方法
劇烈變動，以及百貨公司品牌服飾的獲利空間降低等基本議題。

　　開發策略計畫是企業CEO及負責策略規劃的國隊最重要的任
務。這項任務通常必須在會計年度的第一、二季時完成，好讓組
織在執行營運計畫前，擁有充分時間適度調整計畫。這對規劃過
程及執行時間截然不同的計畫而言，是十分必要的。

　　有許多組織企圖同時執行策略及營運計畫，但這樣做很少有
成功的案例。當策略及營運計書同時浮上檯面時，時間較緊迫的

營運議題總會取得主導權。最高CEO及策略規劃團隊在進行策略規劃時，必須要有相當的分析及廣泛考量；相對而言，較具體且偏重細節的營運規劃，則只需要求第一線人員付出時間及精力即可。比如說，前述那家服飾公司的營運計書，內容將涵蓋製造、取材、多餘生產設備的轉包、特定行銷及銷售人員的訓練及發展更快捷有效的通路系統等。這些內容的重點是放在執行及成效。而策略規劃的重點，則是企業營運的概念及大方向。

營運規劃在組織的策略規劃過程中，扮演一個截然不同的角色。當策略規劃集中焦點在組織的定位及走向；而營運規劃所關注的則是達成策略規劃目的的方法。基本上，營運規劃的時間為期一年，通常從每年的第三季及第四季開始執行，其首要目的在於達成策略計畫在第一年中所規劃的目標成果。以上述的服飾製造商為例，該公司第一年營運計書的重點，可能是如何爭取到原先並無合作關係的主要連鎖品牌，為他們代工生產的機會。

整合規劃過程的第三個要素是成果管理（或稱為公司績效控管）。其功能主要是提供CEO及規劃團隊一個得以隨時檢視策略及營運計畫施行成果的機制。前兩個要素意在間述計畫的開發，這裡開心的卻是計畫的執行結果，包括報告、控管及修正計畫，以達成策略目標等功能（此舉將令這家服飾製造商在持續檢視及修改行動計畫，以確保每階段目標的達成外，也要擬妥更嚴格的財務控管計畫）。不過，成效管理的行動是經常性的，與策略及營運計畫在特定時間內執行的狀況不同。

為使規劃過程成為一個組織內持續進行的活動，我們必須特別關注並強調成效管理。再以這家服飾製造商為例，該公司能在生產自有品牌服飾的同時，轉型而成百貨公司服飾的代工者，即與成效管理的檢視結果有關。此舉使該公司五年後的銷售量暴增

三倍，也讓該公司的獲利空間大幅增加。

在整合規劃過程中，企業最高CEO有如主掌大橙的建築師，而組織內所有成員也應了解並參與這項過程。成敗的重要關鍵之一是跟組織內所有成員積極溝通，並要求所有人出力。對想讓公司營運蒸蒸日上的人來說，他們必須尋求深入了解、主動參與，以及支持策略規劃，最後的成績會有目共睹。策略規劃是一個由人參與的過程，本書想強調的重點是要讓這種手法可以在組織內的任何階層都行得通，而其起點，正是要從資深領導團隊開始。

策略計書如何融入整合規劃過程？

正如上述，在整合規劃過程中，無法獨立發展出策略規劃、營運規劃及成果管理等三項要素，必須相輔相成。策略計書雖可在特定時間內制定產生，但其完成則要靠整合規劃過程中的其他兩項要素加以貫徹。

策略規劃的主要角色在於提供前瞻性的重點及方向，做為整個組織努力的依據。組織內的經理人，所執行的若是方向錯誤的營運計畫，不僅會與正確的策略方向漸行漸遠，更無法達成長期、持續性的結果。錯誤的營運計畫短期雖可能會收一時之效，有些卻也會戕害組織長期績效。舉例言之，在一九七〇年代初期及中期非常成功的隨身聽製造商，現在還有多少家仍在這個行業稱雄？相反的，組織若是在策略規劃過程中，可以兼顧長、短期的因素，就可以在長期獲致穩定的成效。長期運用策略規劃及營運規劃的通用電子公司，即為其中成功的範例。此外，在航空及電信產業解除管制的過程中，我們也看到有些公司得以存活並繼續茁壯，當然，也有不少無法適應轉換過程而失敗的公司，其中

關鍵就在誰能兼顧策略及營運規劃。

策略計畫的要素為何？如何將其結合？

　　策略計畫由七大要素組成：組織宗旨、策略分析、策略、長期目標、整合計畫、財務計畫及執行摘要。想要成功地發展及實施策略計畫，這七項要素缺一不可。這七項要素有如人的身體一般，雖然有時身體的部分器官，如心臟及肺臟，需要較多的關注，但是，若因而忽略其他器官的保養，不僅會造成全身傷害，還可能導致致命危機。

　　圖1.3表明這七大要素及如何將其結合的方法。運用「是什麼（What）」、「為什麼（Why）」、「何處（Wbere）」、「何時（When）」及「如何（How）」等疑問詞起始的問句，來闡述策略計畫的前五項要素，更能突顯其順序的邏輯。

1.組織宗旨
　　這是策略計書的起點，也是其他策略計畫要素發展的基石。

圖1.3　策略規劃的要素

組織宗旨	說明	是什麼
策略分析	說明	為什麼
策略	說明	何處
長期目標	說明	何時與如何
整合計畫	說明	何時與如何
財務計畫與執行摘要	整合	前五項要素中每項的相關部分

宗旨部分要提出組織的基本概念，提供組織目標及組織存在的重點，它應該是組織全員所認同的觀點，所以務必要讓所有成員都能徹底了解。

在圖1.3宗旨應具備解答「什麼（What）」問題的功能、例如組織應立足於何種行業中？什麼是組織的基本文化及理念？什麼是組織存在的概念基礎？

2.策略分析

這是策略計畫的資料庫，其中包括可能嚴重衝擊組織未來發展的內外在因素分析。策略分析也帶領組織確定、並排定策略規劃內重要議題的優先順序，並做成解決這些議題的結論。

策略分析是策略規劃過程中最耗時的一個步驟。這是因為策略計畫的本質是一項概念性的計畫，應具備一個紮實的資料基礎以支持主要概念的發展。策略分析描述「為什麼（Why）」的問題，例如為什麼宗旨有其意義？為什麼這是正確的策略？為什麼這是一個適當的長期目標及整合計畫？

3.策略

策略的內涵明確指出組織的走向，這種說法可能與一般人認知中的「策略」定義不同。本文所指的「策略」，是在解釋策略規劃過程中的「何處（Where）」面向，而非解答「如何（How）」的問題。策略意在定位組織的未來，重點並非集中在如何帶領組織達成目標。這是本書與一般觀念間的一項重大差異，詳情留待第五章敘述。策略的陳述必須確認組織現在的方向，或是以前兩個步驟為基礎，建立組織的新走向。發展適當的策略是策略規劃過程中極具挑戰性的部分。

4.長期目標

　　長期目標必須指出達成組織宗旨及策略所應有的成效。這些成效應該是多方面的，應能同時反映在組織的獲利能力、成長率、多角化、新產品及新市場等各領域上。

5.整合計畫

　　這個部分代表在實踐策略及長期計畫時，應該進行的跨部門、跨功能的整合行動。整合計畫一詞是經過苦心孤詣才定出來的，它指出在策略規劃過程中，必須就各項不同功能進行整合。例如，一項新產品的發展計畫需要工程、生產、行銷及銷售等各項功能間的緊密合作。

　　整合計畫的目的在於確保廣泛的長期目標，能有效轉化成具體的成果。在策略規劃過程中，整合計畫的焦點在於組織中的每位成員部肩負一定的責任或義務，並要確保每位成員對所交付的任務，能夠達成一定的成果。為徹底實踐策略計畫，整合計畫應有充分的細則，讓最高CEO可以監督並追蹤策略規劃的全部過程。

　　整合計畫也是策略及營運規劃間的重要職結點。其所發展出的概括架構，包含短期目標、詳細行動計畫及控管功能，藉以有效達成營運成果。長期目標及整合計畫解答「如何（How）」及「何時（When）」等問題，例如宗旨及策略如何及何時得以落實？如何及何時能有成果？資源會被如何分配？而進度又會怎樣被評估？

6.財務計畫

　　財務計畫包含規劃財務成果以及衡量施行績效的方法。這項要素意在把所有財務相關資訊，整合成有組織的架構。所有參與

策略規劃的同仁，都應了解策略計畫中有關財務計畫的可能結果。計畫中的財務數字必須明確，並具有實質意義。跟策略規劃其他六項要素不同的是，財務計畫是由從策略分析、長期目標及整合計畫內得到的資訊整合而成的。

7.執行摘要

執行摘要完全從最高CEO個人觀點出發，內容應該指出重要議題、邏輯正確性，並準確切入計畫重點。這可讓最高執行長跟整個組織溝通其所描繪的組織願景。

圖1.4顯示出策略規劃的架構。策略計畫由廣泛且無限制的方法，以完成組織宗旨陳述開始展開。一旦宗旨被轉化為文字，焦點立刻凝聚清晰起來。接下來則對在實踐組織宗旨時，可能造成重大影響的各項議題及領域進行策略分析。策略分析的焦點在於選擇並確認特定策略，以實踐組織宗旨。策略規劃的前三個步驟偏重策略思考，而策略思考是策略計畫能否成功的重要關鍵。

在完成前三個步驟後，接下來應選擇並確認完成組織宗旨及執行策略的長期目標。如圖1.4所示，長期目標的選擇是策略思考的終點，但同時也是長期規劃的起點。策略思考的首要目的在於確保選定正確的長期目標，以帶領組織實踐宗旨，並達成待定策略的目標。

一旦選定長期目標，為達成目標而擬定的大規模整合計畫也必須同時確定。下一步就是要擬定財務計畫，這些財務結果應足以支持策略計畫的完成。就某方面而言，這三個要素建構出策略規劃的架構，它們也代表著傳統的長期規劃過程。然而，如果沒有前三項策略思考的輔助，長期規劃就無法獲致最佳成果，方向一旦走偏，組織將大難臨頭。

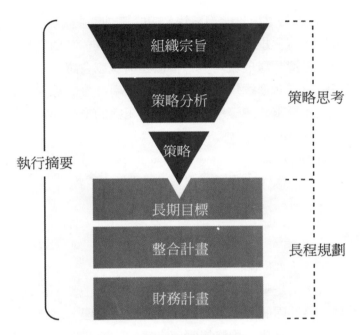

圖1.4　**策略規劃的架構**

　　CEO的執行摘要是策略規劃過程的最後一個步驟，這摘要應包含全部的策略計畫。開發策略計畫最有效的方法爲何？

　　由策略規劃的許多成功經驗看來，想要在合理時間內達成穩定的成果，則經營團隊必須進行一系列開放、廣泛、結果導向的策略規劃會議。在每一次會議中，必須以有架構的方式，討論一個或多個在圖1.4中提及的策略規劃要素。開會的次數從四次到八次不等，端視計畫的複雜性及團隊在執行策略規劃時的經驗層次而定。這些會議通常在三到六個月期間內舉行，每次共花費六到十天進行討論。有效的策略規劃是一個需要時間投資的過程，切勿草率從事。

　　前述方法之所以能夠奏效，在於其同時強調規劃的過程及策略計畫的內容。規劃過程是發展計畫的工具，其內容包括選定規劃團隊、釐清團隊成員角色、審慎建構規劃會議，及經由策略規劃過程引導團隊進行規劃。在規劃過程中發生的思考、對話、衝突、修正及尋求共識等狀況，對塑造組織的未來而言，跟計畫的產生具有同等重要的價值。

資料來源：The Executive Guide To Strategic Planning By　Patrick J. Below,
George L, Morrisey & Betty L. Acomb 等合著1999 P.2-13

綱要

　　策略規劃是整合規劃過程三個環節的第一步，也是本書主要的重點。另外兩個環節：營運規劃與成果管理，將會在本系列後續幾本書陸續介紹。策略規劃確立組織的特質與基本方向，共包括下述七個要素：組織宗旨、策略分析、策略、長期目標、整合計畫、財務計畫與執行摘要，每一項個別要素針對不同卻又彼此相關的目標。以下我們會逐一討論。

　　開發策略規劃需要CEO（總裁、執行長，或是任何關鍵決策者）與規劃團隊積極的參與和支持。除了組織團隊的成員外，組織內其他的經理人遲早也必須要參與以及支持此規劃，並且要開發屬於他們自己的計畫，以期共同達成全組織的總體目標.至於如何讓策略規劃得到組織內的支持，我們將在第二章予以討論。

資料來源：The Executive Guide to Strategic Planning 派屈克.畢羅等著1999
　　　　　P2-13中國生產力中心　Patrick J. Below . George L. Morrisey &
　　　　　Betty L. Acomb 等合著

個案二

進口牛仔褲專賣店

前言

　　淡水鎮是一個文化古鎮，因此吸引了許多學校到此設立。近年來由於學生人數眾多，商業活動也日漸發達。尤其淡江大學附近，儼然成了一個大學城，周圍一帶商家林立，販賣的項目也包羅萬象：日用百貨、書局、餐飲店、藝品店、電腦公司、服飾店、音響器材、攝影公司等。小小一個淡水，被這些琳瑯滿目的店鋪妝點得熱鬧非凡。

　　就服飾業而言，淡水鎮英專路因鄰近淡江大學，故服飾業十分發達。其顧客群亦是以學生為主要對象，大部十分注意時下青少年流行的趨勢，而其價格則以吸引學生的中低價位為主。

　　一般人總以為學生比較窮，捨不得花大錢購買服飾。事實上，近年來由於經濟的發達，父母對子女的要求，大都能如其所願，因此學生的消費能力正在日漸增強中。許多商人看準了這一點，針對學生的消費能力大學進攻，已得到相當可觀的利益。是故吾人實不應低估學生的購買力，以為學生都是非低價品不買，如此等於自絕於廣大的市場之外而不自知。

　　以淡江大學為例，學生中不乏家境富裕者。此外，許多學生都在外打工。在外打工者，不一定是家境使然，大多數學生打工的原因不外乎是為了更舒適的享受。因此，對於生活上的花費，多數學生並不會大過吝惜。

　　曾有位同學對我抱怨，淡水雖然什麼都有，但總給人夜市的感覺，要買高級品還是得到台北。就以牛仔褲來說，許多學生現在已開始有了品牌觀念，非名牌牛仔褲不穿。而英專路上現有的一家牛仔褲專賣店，不僅找不到進口名牌，甚至連國產的名牌也

付之闕如，充其量只能算是地攤貨專賣店罷了。對這種非名牌不穿的人來說，爲了一條牛仔褲，要大老遠跑到台北，實在痛苦。但又不願屈就淡水的地攤貨，只好繼續痛苦下去了。這使我有了一個想法：爲什麼不在淡水開一家進口名牌牛仔褲專資店呢？

是爲此企劃案之構想來源！

消費者分析

爲更了解消費者的喜好，針對消費者做一個市場調查是必要的。因此，筆者針對在英專路上出入的學生，做一個實地的調查。

以下即是調查結果：

1.發出問卷： 250份

2.有效樣本： 222人

3.有效問卷篩選方式：

　(1)若受訪者所回答的資料過少，致問卷無法統計者，則予以剔除。

　(2)受訪者有不實回答者，予以剔除之。

　　例如：受訪者回答牛仔褲件數，超過15件則視其爲不實回答之問卷，予以剔除。

　(3)本問卷乃針對學生設計，故非學生者，予以剔除。

4.性別：

　男：137人；女： 85人

5.年齡：

15～18歲： 43人

18～20歲 67人

20～25歲 85人

25～30歲 21人

30歲以上： 7人

問卷調查

1.請問您現在是否擁有牛仔褲？

（　　）是　　　大約幾件＿＿＿＿＿＿＿＿＿＿＿＿＿＿＿＿

（　　）否　　　爲什麼＿＿＿＿＿＿＿＿＿＿＿＿＿＿＿＿＿

2.您是否有購買牛仔褲的經驗？

（　　）有　　　請續答第三題

（　　）無　　　請跳答第六題

3.您購買牛仔褲的原因？（可複選）

（　　）方便

（　　）流行

（　　）年輕的感覺

（　　）經濟耐穿

（　　）品牌知名度高

（　　）其他＿＿＿＿＿＿＿＿＿＿＿＿＿＿＿＿＿＿＿＿＿

4.購買牛仔褲時，您考慮的因素是？（可複選）

（　　）式樣

（　　）流行趨勢

（　　）是否舒適

（　）價格　　您認為一件牛仔褲合理的價位是 _____

（　）品牌　　何種品牌 _____
　　　　　　　吸引您購此品牌的原因是 _____

（　）其他 _____

5.通常您在何處購買牛仔褲？（可複選）

（　）百貨公司（或代理商專櫃）

（　）牛仔褲專賣店

（　）外銷成衣店

（　）夜市、地攤

6.您的個人資料

性別：（　）男（　）女

年齡：（　）15～16歲
　　　（　）18～20歲
　　　（　）20～25歲
　　　（　）25～30歲
　　　（　）30歲以上

教育程度：（　）國中
　　　　　（　）高中
　　　　　（　）專科
　　　　　（　）大學
　　　　　（　）研究所以上

問卷調查結果分析

1.牛仔褲的擁有狀況

(1)就所有有效樣本（222人）來分析

擁有率	擁有件數
87.4%	2.90(件)

(2)就性別區分來分析

	擁有率	擁有件數
男(137人)	82.4%	95.3%
女(85人)	2.46件	3.60件

　　此結果顯示，牛仔褲是一種最普遍的服裝，年輕人幾乎每個人都有一件以上。而女性較男性有較高的擁有率，且擁有的件數亦較多，這是因為女性較男性更為注意打扮的緣故。

2.購買年齡層

　　15～35歲，以學生為主。

3.選購動機

性別	選項%					
	方便	流行	年輕感覺	經濟耐穿	品牌知名度高	其他
男	67	19.1	40.9	55.7	30.5	5.2
女	70.5	69.1	65.3	42.8	58.6	2

　　由以上結果分析，女生較男生更為重視品牌及流行。但一般而言，年輕學生對牛仔褲之所以情有獨鍾，仍是看中牛仔褲的方便與經濟。

4.購買牛仔褲時考慮之因素

性別	選項%					
	價格	品牌	式樣	流行趨勢	舒適感	其他
男	65.2	24.8	47.0	42.1	53.9	3.5
女	42.9	55.1	59.3	69.1	46.9	2

　　在這一項中，男女的調查結果有些不同。就男生而言，較重視價格及舒適感。而女生則最重視流行及式樣，此外亦相當注意品牌，至於價格及舒適感，則重視的人較少。

5.購買牛仔褲之場所

性別	選項%			
	百貨公司或代理專櫃	牛仔褲專賣店	外銷成衣	夜市地攤
男	23.5	44.3	15.2	27.4
女	30.9	61.9	12.2	32.1

　　此項結果顯示，一般學生購置牛仔褲仍以牛仔褲專賣店為主，其次是夜市和地攤（包括一般服飾店）。至於百貨公司可能受限於價格太昂貴，而外銷成衣店則因中西尺寸相差大大，故較少人會去那裡購買牛仔褲。

市場分析

地點分析

英專路是淡水鎮的精華地段，除鄰近淡江大學外，與其垂直的中正路是淡水鎮交通的吞吐處，所有從台北開來的班車，皆須停靠此處。淡江大學學生上下課必從英專路經過，而其他學校學生也經常在課後停留在此閒逛一番，故英專路可說是商家必爭之地。唯一值得商榷之處是租金頗高，據可靠消息指出，英專路每月租金高達12萬之譜，在此開店，資金的籌措須十分充裕。

又英專路尾靠近淡江大學克難坡之地段，生意向來較為清淡，較不適合開設此種須依賴大量顧客方能生存的服飾店。

商圈範圍分析

淡水地區（包括竹圍）。

商圈特性分析

文教區。

淡水地區目前計有大學一所（淡江大學）、專科二所（淡專、新埔）、高中職二所（淡江中學、省立淡商），以及國中若干，故主要的目標顧客群亦放在這批年輕學生身上。

目前進口牛仔褲價位概況分析

廠牌	價格	出廠國
PACEMAKER	1000～15000	日
YSL	1600～2000	法
LOBSTER	1000～15000	義
LAN KAN	10000～1300	MIT
BLUEWAY（美）	1100～1600	美
BLUEWAY（台）	900～1300	MIT
LEVIS	980～1500	美
SPARKLE	2500～?	?

　　由以上調查得知，除了 YSL及 SPARXLE比較昂貴之外，其他品牌之價位約在1000～1500左右，以學生的消費標準來看，並非消費不起的奢侈品。且一條牛仔褲的壽命可維持一至數年之久，就經濟觀點而言，實在不貴。

市場競爭態勢

市場區隔

　　突出高級進口牛仔褲的品牌地位，以吸引高零用金的學生顧客。

目標市場分析

1.年齡：

　15～30歲。

2.職業：

　學生。

3.零用金：

　每月 5000元（不包括日常一般消費，如食宿、交通等）以

　上。

競爭對手分析

1.英車路上現有牛仔褲專賣店一家。

　這家店主要以販賣低價位國產牛仔褲為主，雜亂無序的陳
列，毫無裝潢可言的店面，一望可知其價格便宜，主要亦是在吸
引學生消費群。

2.其他

　本國低價位產品充斥各服飾店，但牛仔褲並非銷售重點，與
其他服裝一起擠在服飾架上，給人地攤貨的不良印象。

S.W.O.T.分析

1.S（優勢）

　走名牌高級路線，可吸引時髦新潮的年輕人。淡水怪人特

多，除了學生之外，尚有許多藝術家，他們的行徑獨特，不與流俗相同。打著名牌旗幟，標榜強烈的個人風格，可吸引此類顧客。

2.W（劣勢）

市場上已有一家專賣店，其以低價位（190～590元）為主的銷售策略，吸引不少學生。這些人並非真的花不起錢，而是牛仔褲的品牌觀念尚未建立，有很多人認為牛仔褲都差不多，花小錢就可以買到的東西，何必花大錢去買名牌呢？因此，如何突破這種觀念，當是本店所須努力的首要目標。

3.O（切入市場的機會點）

突顯牛仔褲之高級品牌地位，在淡水是未曾有過的。因此，對於消費者必構成一定的吸引力，尤其是那些非名牌不穿的少爺小姐們。

4.T（威脅）

‧高價位是本店的弱點，故必要時可以將價格稍降。強調比台北同級產品的價格便宜，而品質絕對比地攤貨好太多。

‧以高品質，卻比台北便宜的優勢，可對既有市場造成一定之衝擊。

商品定位

商品特色

1.耐洗
2.耐穿
3.耐髒
4.好搭配服飾
5.不褪流行

商品策略

1.年輕化
2.個性化
3.年輕也可以高級
4.高級不等於昂貴
5.一條牛仔褲1500元可穿一到數年，就經濟價值而言，絕對
　划算。
6.擁有一條高級牛仔褲，等於擁有許多的半套高級服飾。
（因為牛仔褲可以搭配許多種服裝）

市場定位

初期目標

扮演市場挑戰者的角色，是開業初期的目標，主要希望能將消費者的觀念打開，接受牛仔褲也有高級品、低級品之分的概念。

終極目標

當消費者觀念已開時，表示觀念的灌輸有效，此時即可成為市場的領導者。

產品生命週期

導入期。

由於產品剛進入市場，初期不以業績競爭為首要目標，而著重在觀念的開發與建立。因此，在資金與成本的計算上，須有一個整而清楚的體系建立。

定價策略分析

吸脂定價。

由於是進口產品，成本較高。且在一般的消費觀念認為：便宜無好貨！既是進口產品，價格自不可能訂得便宜。倘若訂得太便宜，反而易引起消費者的懷疑。

因此，本店產品之價格，目前仍以追隨台北市一般牛仔褲專賣店之價格為宜。以1000～1500為普通級，1500～2000元以上較高級產品之價格。

至於為吸引消費者的價格優惠，則以不定期之折扣方式進行。

通路策略分析

除本店外，並無其他連鎖分店，故本企劃案之通路策略為單一的通路。因此，在策略的運用上可說十分單純。只要掌握住在店面中來往約人潮，就等於掌握住一半的商機。所以，店面的裝潢十分重要，如何吸引年輕人的目光，讓他們能在此停駐，是一個重要的課題。

推廣策略分析

廣告策略

　　由於本店並非連鎖性的企業，故無須在媒體上做廣告。在廣告策略上，本店探「店面即媒體」之策略，以神奇獨特的裝潢方式，廣徠顧客。

　　本店擬採複古式的西部酒吧裝潢，除了販賣牛仔褲外，在店內尚提供休息空間，兼賣一些飲料，使顧客在逛累了以後，能停下來休息一下，聽聽西部音樂，感覺上好像手上的牛仔褲也有了生命與歷史。

　　此外，在每一次不定期的折扣期間，會配合促銷活動在英專路上散發傳單，廣為告知大眾。

促銷策略

1. 開幕期間：產品八五折優待
   有效期間：一個月。
2. 與附近 MTV、速食店合作，購買牛仔褲兩條以上者，送MTV招待券、速食店折價券。
3. 逢學期開始第一週 結束的前一週，進行折扣活動，讓同學擁有一個亮麗的暑（寒）假！

公開策略

與各校的系科會長，以及各班班代表保持聯絡．凡在此訂購系服，班服者，可給予優惠價格．

執行與檢討

1.執行期間
　配合學校的上課週期，每學期做一次修正。
2.暑假期間，因各校有暑修，留校學生仍多，且留在學校附近打工者也不少，因此仍視為一個正常的週期循環。
3.寒假期間，留校學生較少。但因逢春節，淡水假期中人潮頗多，人們在遊玩時，順便購物，並非不可能的事，故可及早做規劃，掌握此一契機。

第十一章

戰略性企業經營決勝市場

企業要想永續經營（Going-Concern），就必須講求策略；而
策略的制定必須是一個兼具創意與分析特質的過程，方能執行於
最終極的企業所競爭的戰場上。沒有策略，就沒有企業；沒有策
略企劃，就沒有永續經營，這是全世界各企業欲立於不敗之地最
好的座右銘。

一家企業的策略往往是高階經營層（TOP Management）或是
經營管理團隊（Management Team）中之總裁CEO所親自制定，
以全公司之對內利益與對外競爭為考量之目標，統合各部門或各
事業群之生存發展利基與優勢，擬訂整套市場競爭或產業競爭之
成功方案，貫徹執行力，以取得優勢競爭的主導權。因此，在跨
世紀全球企業競爭的環境中，各企業的CEO都盡全力地專注其策
略焦點、全球的宏觀視野與卓越的領導技能，以期能充份藉由不
斷地自我變革而維持本企業的永續發展。

在邁向新世紀的企業商戰領域中，成功的企業必須包涵「策
略經營」（Strategic Management）與策略行銷（Strategic
Marketing）兩大機制；而策略經營的主要機制可分為「動態經營」
與「靜態經營」等兩種領域。

綜觀以上所述，策略經營的定義及其實戰運作的涵義可分述
如下：

1. 策略經營係企業在混亂的市場競爭中，企業所賴以生存的
   因應機制。
2. 策略經營係企業以領導者為首，整合公司全體員工之作戰
   力，以突破因為企業環境變化所造成的經營困境。
3. 策略經營係藉由系統化策略（Systematic Strategies）的擬
   訂，經營策略（Managing Strategies）的發展建構，以及企

業組織戰力（Organizational Forces）的開發三種綜效能量
整合而成。

4.策略經營係企業策略企劃（Business Strategies Planning）與
　企業組織戰力（Organizational Forces）統合而成。

5.策略經營係企業集團有組織，有系統，以及經營理念的統
　合而成。

　　茲以企業策略企劃與經營策略的統合戰略來說明策略經營的
精神。

　　隨著企業集團競爭版圖的日益白熱化與全球化，全球化戰略
（Globalized Strategies）的真正課題將會在策略高手的心目中佔據
愈來愈重要的地位。因此，全球企業戰略（Global Business
Strategies）在21世紀已成為全球企業必須面對的重要課題。換句
話說，全球企業戰略亦成為全世界各國跨國企業與企業國際化必
須面對的主要挑戰。以往傳統的理念都認為全球大型企業在全球
市場的競爭較具優勢與利基，勝算比較高。然而，由最近21世紀
的全球企業實戰風雲錄而觀之，全球中型企業往往具備獨特的優
勢，卡位與企業再定位（Business Repositioning）的競爭利基。另
一方面，全球中型企業同時亦具備創業精神的企業文化（Business
Culture）亦比較容易調整以配合全球化的願景（Global Vision），
在企業文化與企業重整改造的運作中，亦比較容易成功地推行。

　　全球知名度頗高的國內廣達電腦公司，其經營成功的主要因
素即是該公司董事長林百里本身的經營特質，此項特質很符合戰
略性經營管理策略的精髓，同時也與本書作者許長田教授的理
念、觀點、策略不謀而合。茲將廣達電腦董事長林百里的經營秘
訣詳細敘述如下：

企業戰略規劃之流程系統圖

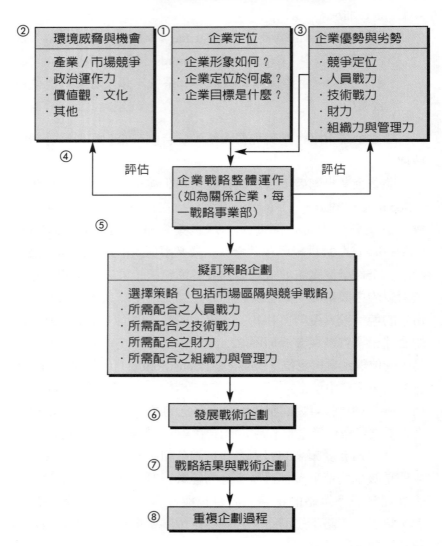

　　林百里董事長將它稱爲VIP三大階段。第一階段是Vision（願景），創業者對新行業、新產品要具備理念，不只要看好它，還要有獨特的見解。

　　第二階段就是Integration（整合），有了創意之後，還要整合公司不同的企業資源（許長田教授註：包括人力、財力、物力、企業文化與經營理念），因爲企業是個企業體，新事業從萌芽到成長，除了研發人員之外，還需要行銷、業務、人力資源、財務與資訊管理等人才，才能成爲完整的人才濟濟的企業。在這個階段，領導人不只要有願景，還要有領導能力來整合，很多公司就是在這個地方失敗的。

　　第三階段就是Position（定位），創業者或經營者如何爲公司定位？在整個產業生態中，公司要如何生存？這是很困難的一件事，只要VIP三個步驟都做到了，都做對了，其他的事情就易如反掌了。

　　從廣達電腦董事長林百里的理念中，我們可瞭解到企業成功的核心要件（Core Factors）主要來自企業創辦人與企業領導人的心態、性格、理念、爲人、人品、作風、策略，以及其在企業體中的管理風格（Management Style）。

　　本書作者許長田教授有幸曾任職某家電腦網路公司的總經理兼CEO，該公司的創辦人就是因爲無法認知及配合VIP三個階段，不願聽CEO的建言而成爲失敗的公司，究其原因，不外乎前面提到的個人因素：諸如性格、心理、理念、行爲模式、人品、作風、策略與管理風格所導致的失敗因素。本書作者許長田博士提起這檔事無外乎要提醒全世界各國企業的經營者或創辦人，上述所提的企業失敗要素千萬不能犯下這些毛病與盲點，切記！切記！能夠避開以上所述的盲點與錯誤，企業經營方能成功，否則

唯有失敗一途,這是千眞萬確的事實。

正因爲如此,本書作者許長田博士特別認爲:企業策略乃企業經營的命脈;企業經營理念與經營策略係評估企業戰力的指標,而企業戰力的綜合績效,則爲完全整合創新戰力,生產戰力、行銷戰力、財務戰力、人力資源戰力、管理戰力與顧客服務戰力等之全方位競爭優勢(Competitive Advantages)。

因此,成功的企業在企業全球化競爭的整體作戰中,必須尋找出一個獨特的優勢定位,以便與競爭者做長期差異定位競爭,(Long-term Differential Positioning Competition),並由此種差異化策略中獲取競爭優勢(Competitive Advantages)以及市場利基(Market Niche)。

更進一步地說,企業在擬訂經營策略時,必須先分析企業競爭環境的S.W.O.T.關鍵因素。S即是Strength (優勢)、W即是Weakness(劣勢)、 O即是Opportunity (機會)、T即是Threat(威脅)。

企業策略企劃決勝千里
(Business Strategic Planning wins the Battlefield)

企業策略企劃可使企業經營者或CEO運籌帷幄,決勝千里。所謂企業策略企劃又稱爲策略規劃(Strategic Planning),只是企業策略企劃是比較以「實戰」的角度而言。策略企劃的要點,在於企劃企業不斷變動的策略衝力與策略能量。而其基本假設,則係認爲過去企劃作業所運用的延伸法預測,於今已嫌不足。由於以往的預測與未來的動向,均將出現不連續的變動,因而企業機

構必須做策略的調整。所謂策略的調整，是指調整企業的策略衝力或經營方針，使企業機構邁向一個新的產品市場組合的領域。例如企業體的研究發展（Research & Development /R&D）能力的提昇，便可作為調整企業策略能量的典範。另外一方面，企業體中的行銷策略（Marketing Strategies）即是帶領企業獲利的唯一指標。這正是所有的企業策略中，最重要的兩大支柱即是經營策略（Management Strategies）與行銷策略。（Marketing Strategies）。企業策略係屬於公司定位的策略，其次就是事業定位的策略，接著便是市場行銷的策略，最後就是營業戰力策略（Sales Forces Strategies）。

　　綜觀以上所述，只要企業體一切的行銷策略都非常明確，市場相關領域的行銷團隊（Marketing Team）便不會無所適從；企業經營的目標在那裡，應該往哪個方向走，該如何進行推動，企業體自己要有能力決定，以便帶領本身企業更上一層樓，例如企業轉型、企業改造、企業再定位等等策略，這樣，企業經營方能達致所謂的永續經營（Going Concern）的境界。

　　當我們從行銷體系中分析的結果，導出公司的策略管理過程，確定公司未來之總資源分配計劃後，我們還應利用它，導出特定產品市場之市場切入機會、行銷定位、行銷執行方案，以及行銷控制方法，以達成公司業績目標。

　　正因為如此，企業策略的構思、擬訂與發展係日新月異的衍生機能。例如，21世紀知識經濟管理的時代，全球企業的策略思惟應著力於企業如何邁向知識管理（Knowledge Management）與企業如何全球化的實戰策略。所以，企業策略的擬訂應隨著經營環境與市場競爭態勢而隨時調整，因人、因時、因地而制宜。茲將企業策略的種類詳細分述如下：

一、企業密集成長策略

所謂「密集成長」策略係指在目前的產品及市場條件下，設法發揮力量，整合企業資源，充份開發潛力市場。其依「產品——市場」的發展組合可以導出下列經營戰略（1）市場滲透（Market Penetration）；（2）市場開發（Market Development）；（3）產品開發（Product Development）等三個戰略。

「產品——市場」擴展戰略矩陣

產品 市場	舊產品	新產品
舊市場	1.市場滲透	3.產品開發
新市場	2.市場開發	4.多角化

1.市場滲透（Market Penetration）戰略

係指以舊產品在舊市場上，增加更積極之行銷戰力（Marketing Forces），以提高行銷量與值（行銷業績與行銷利潤）之實戰謀略。其可能性有三種：第一為增加公司的顧客，例如鼓勵增加購買次數與數量，及鼓勵增加消費之次數及數量。第二為吸引競爭者的顧客，第三為吸引游離購買之新顧客。

2.市場開發（Market Development）

係指以舊產品在新市場上行銷，以提高行銷業績與行銷利潤之實戰謀略。其可能性有二；第一為開發新地域性之區隔市場，以吸收新顧客。第二為開發新市場優勢（在原來之區隔市場上），

例如發展新產品特性以吸引新目標市場顧客，以進入新的行銷通路，或使用新廣告媒體等。

3.產品開發（Product Development）戰略

係指在舊市場推出新產品，以提高行銷業績與行銷利潤之實戰謀略。其可能性有三：第一為發展新產品特性或內容，例如用適應、修正、擴大、縮小、替代、重新安排、反面反排、或以上各種綜合方法來改變原來的產品外型或產品功能。第二為創造不同品質等級的產品。第三為增加原產品的模式及規格大小。因此，開發新產品等於創造新市場及新顧客，係屬於很重要的企業成長策略。

4.多角化（Deversification）戰略

係指公司開發新的產品，開發新的市場以增加市場行銷業績與行銷利潤之實戰謀略。（註：此策略並不屬於企業密集成長策略，而是企業滲透開發策略）。

二、企業整合成長策略

所謂企業整合成長策略，係指移動本公司在行銷體系向上、向下或向水平方向發展，以提高效率及控制程度，並導致行銷業績與行銷利潤之增加的實戰謀略。向上發展亦稱為上游（或向後）整合（Backward Integration）；向下發展亦稱為下游（或向前）整合（Forward Indegration）；向水平發展亦稱為壟斷整合或水平整合（Horizontal or Monopolistic Integration）。茲略加說明如下：

1.向上游整合（Backward Integration）戰略

係指控制原材料或零配件供應商體系，使其與本公司在所有權或產銷活動上結成一體，以提高經濟規模與市場規模。

2.向下游整合（Forward Integration）戰略

係指控制成品配銷商體系，使其與本公司在所有權與產銷活動上結成一體，以提高經濟規模。更進一步地說，向上整合或向下整合，都能使公司的業務種類及範圍多樣化及擴大化，以提高經濟效率。

3.向水平整合（Horizontal integration）戰略

係指控制立於平行地位之競爭者，使其與本公司的產銷活動採取一致之行動，減低市場競爭壓力，並擴大經濟規模。當然，過度的水平整合會造成市場壟斷局面，對顧客不利。

三、多角成長策略

所謂多角成長策略係指公司超越目前行銷體系之外，同其他行業或產品項目發展之實戰謀略。此通常都是在認為密集成長或整合成長策略比較差時，才會採取此多角化成長策略。多角成長策略之組成要素有下列三種，即是（1）技術；（2）行銷；（3）顧客。以此三要素可組成三種多角成長策略，即是「集中多角化」（Concentric Diversification），「水平多角化」（Horizontal Diversification），及「綜合多角多」（Conglomerate Diversification）。茲略加說明如下：

1.集中多角化策略

係指增加在技術上或行銷上與目前原有產品種類有關之新產品的投資實戰謀略。這些新產品通常又是供給新顧客使用。

2.水平多角化策略

係指增加在技術上與目前原有產品種類無關，但銷售給原有顧客之新產品的投資實戰謀略。

3.綜合多角化策略

係指增加在技術上或行銷上都與目前原有產品種類無關，又不銷售給原有顧客之新產品的投資實戰謀略。通常此種成長途徑的目的在於抵消公司的缺點，或切入並可利用企業內外部環境的行銷機會。例如抵消季節變動或分散企業經營風險等等。

企業策略企劃與市場競爭戰略

一般而言，企業的實戰經營即是要永續經營，有些企業目標要較長的時間方能達成，例如開發新產品，研發技術創新、擬訂行銷策略、改造企業組織、變革企業文化、開拓新的市場與行銷通路等等，有些企業投資專案必須花許多年的時間方能產生效益與回收獲利。因此，企業的年度企劃就是企業為達成經營目標，（Business Management Objectives）實踐企業願景（Business Vision）中的一個較短期的重點計劃（Short-term Core Plans），亦是實踐企業體中，長期策略（Long-term Strategies）的一個階段性計劃（A Stepping Plan）。另外一方面，訂定企業年度基本策略的目的，主要是希望透過策略的推動執行以達成企業目標。並且整合企業體各功能管理部門 （Functional Management Department）

的資源（包括人力、財力、物力、時間）投入的方向與策略能達
成一致性的共識及認同，以確保企業整體策略能力有效地執行，
以達成終極的企業目標，完成企業願景。

　　成功的企業在市場競爭的整體作戰中，都能尋找出一個獨特
的市場定位（Market Positioning）以期有別於競爭者，並由這種
差異化策略中獲取競爭優勢及市場利基（Competitive Advantages
and Market Niche）。

　　定位策略（Positioning Strategies）可協助企業公司發展出低
廉成本（Cost Down）與高度強化且集中的服務，而低成本和高品
質的服務就是企業生產力及企業競爭力的強勢戰力。

　　全球策略大師麥可·波特（Michael Porter）在其大作「競爭
策略」中指出：競爭策略有三種基本態勢：（1）整體成本的領導
地位策略；（2）差異化策略；（3）集中式競爭策略。成本的領
導地位策略可藉由低價格，高行銷量和高市場佔有率來賺取高額
利潤；差異策略係針對小的市場和低行銷量，提供高價格與高利
潤的產品或服務；集中式競爭策略則針對高度集中的目標顧客群
來做定位訴求（Positioning Appeal）。

　　因此，競爭策略是組合企業所追求的目標與欲達到生存發展
的方法及政策。當然，不同的企業使用不同的字眼來代表某種特
殊情況，例如，有些企業使用「使命」（Mission）或「整體目標」
（Objective）以代替「目標」（Goals）；有些企業採用「戰術」
（Tactics）而不是採用「運作」（Operating）或「功能政策」
（Functional Policies）。然而，策略的基本觀念即是掌握在「目的」
（Ends）與「方法」（Means）之間的致勝點子。

　　下圖即為「競爭策略轉輪」（The wheel of Competitive
Strategy），乃是在一頁紙上用來解說一個企業競爭策略的主要向

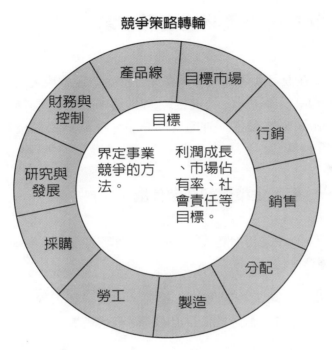

競爭策略轉輪

資料來源："Michael E. Porter.""Competitive Strategy" Techniques for
Analysing Industries and Competitors

面工具。

　　轉輪的車轂是企業的目標，它是企業希望用何方式來競爭，
以及其特定的經濟性與非經濟性的廣泛定義。轉輪的輻條是企業
用來設法達成這些目標的主要運作政策。

　　換句話說，在輪上每一部首之下，個別功能領域之關鍵運作
政策說明，應從企業的活動中演變出來。根據事業的本質與特
性，管理階層對這些關鍵運作政策的闡明可以略調整其明確性，
這些政策一旦訂定，策略的觀念即可用來指導企業的整體競爭行
為。

企業擬訂競爭策略的實戰步驟

企業在擬訂競爭策略時，必先分析企業競爭環境的SWOT重要因素。S即是Strength （優勢）、W即是Weakness（劣勢）、 O即是Opportunity （機會）、T即是Thhreat（威脅）。茲將擬訂競爭策略的實戰步驟詳細分述如下：

步驟一、確定企業目前在做什麼？

1.確認什麼是目前隱含的或明示的策略？
2.隱含的假設

有關於公司的相對地位，優勢與劣勢、競爭對手及產業趨勢，應當做什麼假設才能使目前的策略有意義？

步驟二、分析目前競爭環境發生什麼狀況？

1.產業分析
什麼是競爭成功的關鍵因素，以及產業的機會與威脅？
2.競爭對手分析
什麼是現有及潛在競爭者的能力與限制，以及其未來的可能行動？
3.社會分析
哪些重要的政府政策，社會以及政治因素將帶來機會或威脅？

4.優勢與劣勢

分析了產業與競爭者之後，與目前及未來競爭者相較，什麼是公司的優勢與劣勢？

步驟三、決定企業目前應當做什麼？

1.假設與策略的測試

與步驟二的分析比較，有關的假設如何容納到目前的策略之內？策略符合一致性的測試結果如何？

2.策略交替方案

根據以上的分析，什麼是可行的策略交替方案？（現有策略是其中之一嗎？）

3.策略性選擇

哪一個交替方案最能關係公司的處境與外在機會與威脅？

綜觀以上所述，企業策略著重可行性與勝算性，所謂「運籌惟幄、決勝千里」完全是依賴完善週密的策略方能成功。

企業策略企劃的特殊定位

企業策略企劃有幾項重要的特色，茲將詳細說明如下：

1.企業策略企劃的核心主軸係策略思考與構思創意，不是制度規劃。許多企業策略的執行制度雖完備，但並不保證企

業策略有效果。有些企業經營或ＣＥＯ對行銷策略頗為深入，策略構想很週密而富創意，雖然完全沒有任何策略企劃的制度，但策略依然運行靈活，績效成果完美。相反的，有些企業雖然企業策略的流程管理與制度很完整，企劃案亦甚為洋洋灑灑，然而就是因為策略不行或不夠水平及功力，終究導致因策略失敗而影響整體企業競爭力之衰退。

2.企業策略的成功完全依賴企業實戰競爭力，而不是策略企劃或策略企劃制度。全球策略大師大前研一在他的策略著作「21世紀企業全球戰略」中曾提到「三極企業」（Triad Power）的理念，又稱為「全球三大戰略地區」，亦即企業體週邊的策略合作伙伴與市場腹地的開發。英文稱為（Global Big Three Strategic Region）。當企業進行企業重整時，企業經營者必須將企業轉型為跨國企業的全球化活動；而「三極企業」剛好是企業全球化的實戰執行力之成果。此種策略係以市場為考量因素。

3.企業策略需要搭配執行力與部門功能管理的整合
企業策略除了開始的規劃階段之外，最主要的核心問題即是策略執行力的落實。因為策略執行力的品質關係著企業策略運作的成果與績效（Strategic Operation Performances）。另外一方面，企業高階CEO必須將企業策略與部門功能管理（Functional Department Management）整合出可行性極高、風險性極低的運作模式。

4.企業策略企劃係企業學習型組織變革的一項過程，不一定就是執行策略的最高方針。

　　所謂「學習型組織」（Learning Organization）係指企業組織
中的各事業群、各分公司、各部門，各個人都在即定的企業文化
中充份的地交換意見，溝通資訊、整合決策，然後再加上企業策
略企劃的執行，以達成組織變革與提昇員工工作能力的專業組
織。（Professional Organization）。

企業經營管理哲學與企業文化
（Business Culture）
（Business Management Philosophy）

　　沒有策略，沒有企劃，就沒有企業。因此，企業經營來自經
管理念與經營管理哲學。而企業能否眞正採行行銷觀念則取決於
所謂「企業文化」（Business Culture）。茲將企業文化與行銷管理
關連性的組織架構列述如下：

企業經營管理的功能導向管理

（Functional Oriented Management）

1.技術導向（Technology Oriented）：以（Knowhow）爲經營
　優勢

2.產品導向（Product Oriented）：以「品質」爲經營優勢

3.生產導向（Production Oriented）：以「生產力」爲經營優
　勢

4.銷售導向（Sales Oriented）：以「推銷業績」爲經營優勢

5.市場導向（Market Oriented）：以「顧問（消費者）與競
　爭者」爲經營優勢

6.行銷導向（Marketing Oriented）：以「行銷力」為經營優勢

7.競爭導向（Competition Oriented）：以「競爭策略」為經營優勢

8.整體行銷作戰導向（Total Marketion Force Oriented）：以「整體行銷戰略」為經營優勢

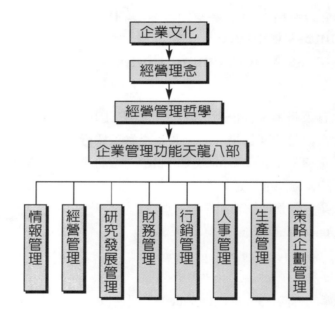

許長田叢書系列

行銷超限戰
〔行銷定位與市場戰略〕

許長田 博士著

✔ 成功行銷戰來自行銷資源
　與行銷應變力的統合戰力

✔ 企業CEO、行銷主管、
　業務高手必讀的實戰書

企業學院

不做總統，就做
廣告企劃
〔實戰廣告策略〕

許長田 博士著

- ■沒有企劃 就沒有企業
- ■廣告係整合行銷傳播的戰
  略與戰術之執行力
- ■廣告媒體戰略與廣告表現
- ■行銷贏家與廣告高手唯一
  的選擇

企業內訓與顧問指導學程

許長田　教授　親自指導授課

課程種類：

一、科技快速變化時代的經營策略

二、企業文化經營理念的再造策略

三、企業龍頭經營戰力提昇實戰策略

四、走動式管理與企業經營管理實戰

五、企業永續經營的成功策略

六、台灣企業國際化的成功策略

七、OEM / ODM / OBM / 國際行銷策略

八、國際市場開發實戰策略

九、行銷策略企劃實務

十、TOP SALES業務訓練

十一、營業主管銷售管理實務

十二、如何成為行銷高手

＊以上每一種課程時數均為30小時

＊歡迎連絡洽商！

＊行動電話：0910043948

E-mail: hmaxwell@ms22.hinet.net

http://www.marketingstrategy.bigstep.com

弘智文化價目表

書名	定價		書名	定價
社會心理學（第三版）	700		生涯規劃：掙脫人生的三大桎梏	250
教學心理學	600		心靈塑身	200
生涯諮商理論與實	658		享受退休	150
健康心理學	500		婚姻的轉捩點	150
金錢心理學	500		協助過動兒	150
平衡演出	500		經營第二春	120
追求未來與過	550		積極人生十撇步	120
夢想的殿堂	400		賭徒的救生圈	150
心理學：適應環境的心靈	700			
兒童發展	出版中		生產與作業管理（精簡版	600
為孩子做正確的決定	300		生產與作業管(上)	500
認知心理學	出版中		生產與作業管(下)	600
醫護心理學	出版中		管理概論：全面品質管理取向	650
老化與心理健	390		組織行為管理學	出版中
身體意象	250		國際財務管理	650
人際關係	250		新金融工具	出版中
照護年老的雙親	200		新白領階級	350
諮商概論	600		如何創造影響力	350
兒童遊戲治療法	出版中		財務管理	出版中
認知治療法概論	500		財務資產評價的數量方法一百問	290
家族治療法概論	出版中		策略管理	390
伴侶治療法概論	出版中		策略管理個案集	390
教師的諮商技巧	200		服務管理	400
醫師的諮商技巧	出版中		全球化與企業實	出版中
社工實務的諮商技巧	200		國際管理	700
安寧照護的諮商技巧	200		策略性人力資源管理	出版中
			人力資源策略	390

書名	定價		書名	定價
管理品質與人力資	290		全球化	300
行動學習法	350		五種身體	250
全球的金融市場	500		認識迪士尼	320
公司治理	350		社會的麥當勞化	350
人因工程的應用	出版中		網際網路與社	320
策略性行銷（行銷策略）	400		立法者與詮釋	290
行銷管理全球觀	600		國際企業與社會	
服務業的行銷與管理	250		恐怖主義文化	
餐旅服務業與觀光行	690		文化人類學	650
餐飲服務	590		文化基因論	出版中
旅遊與觀光概	600		社會人類學	出版中
休閒與遊憩概	出版中		血拼經驗	350
不確定情況下的決策	390		消費文化與現代	350
資料分析、迴歸、與預	350		全球化與反全球	出版中
確定情況下的下決策	390		社會資本	出版中
風險管理	400			
專案管理的心法	出版中		陳宇嘉博士主編14本社會工作相關著作	出版中
顧客調查的方法與技	出版中			
品質的最新思潮	出版中		教育哲學	400
全球化物流管理	出版中		特殊兒童教學法	300
製造策略	出版中		如何拿博士學位	220
國際通用的行銷量表	出版中		如何寫評論文章	250
			實務社群	出版中
許長田著「驚爆行銷超限戰」	出版中			
許長田著「開啟企業新聖戰」	出版中		現實主義與國際關	300
許長田著「不做總統，就做廣告企劃」	出版中		人權與國際關	300
			國家與國際關	300
社會學：全球性的觀點	650			
紀登斯的社會學	出版中		統計學	400

書名	定價		書名	定價
類別與受限依變項的迴歸統計模式			政策研究方法論	
機率的樂趣	300		焦點團體	250
			個案研究	300
策略的賽局	550		醫療保健研究法	250
計量經濟學	出版中		解釋性互動論	250
經濟學的伊索寓言	出版中		事件史分析	250
			次級資料研究法	220
電路學（上）	400		企業研究法	出版中
新興的資訊科技	450		抽樣實務	出版中
電路學（下）	350		審核與後設評估之聯	出版中
電腦網路與網際網	290			
電腦網路與網際網	220		**書僮文化價目表**	
社會研究的後設分析程序	250			
量表的發展	200		台灣五十年來的五十本好書	220
改進調查問題：設計與評估	300		2002年好書推薦	250
標準化的調查訪問	220		書海拾貝	220
研究文獻之回顧與整合	250		替你讀經典：社會人文篇	250
參與觀察法	200		替你讀經典：讀書心得與寫作範例	230
調查研究方法	250			
電話調查方法	320		生命魔法書	220
郵寄問卷調查	250		賽加的魔幻世界	250
生產力之衡量	200			
民族誌學	250			

企業應變力

作　者／許長田博士著

出 版 者／弘智文化事業有限公司

登 記 證／局版台業字第 6263 號

地　　址／台北市中正區丹陽街 39 號 1 樓

電　　話／（02）23959178・0936252817

傳　　真／（02）23959913

發 行 人／邱一文

郵政劃撥／19467647　　戶名／馮玉蘭

書 店 經 銷／旭昇圖書有限公司

地　　址／台北縣中和市中山路 2 段 352 號 2 樓

電　　話／（02）22451480

傳　　真／（02）22451479

製　　版／信利印製有限公司

版　　次／2003 年 10 月初版一刷

定　　價／300 元

ISBN　957-0453-92-3 （　裝）

國家圖書　出版品預行編目資料

企業應變力／許長田

　著；--初版. --台北市：弘智文化；2003〔民 92〕

　面：　公分

　ISBN 957-0453-92-3（　裝）

　1. 決策管理　2. 企業管理

494.1　　　　　　　　　　　　　92016318